高职高专特色教材

动物检疫技术

主　编　李　庄（池州职业技术学院）
副主编　许二学（池州职业技术学院）
　　　　高月林（黑龙江农业职业技术学院）
参　编　吴　俊（池州职业技术学院）
　　　　吴萍萍（池州职业技术学院）
　　　　孟祥金（安徽省畜牧技术推广总站）
主　审　朱宏兵（池州职业技术学院）

合肥工业大学出版社

内容简介

动物检疫技术是高职高专畜牧兽医类专业特色课程。本书通过5个项目、20个子任务系统地阐述了动物检疫技术的基本理论和基本技能。重点阐明了动物疫病的检疫,同时介绍了动物在其产地、运输及屠宰各环节的检疫方式、方法和技术。

本教材适用于高职高专畜牧兽医、兽医卫生检验和动物防疫与检疫等专业,也可作为畜牧兽医相关工作人员的参考用书。

图书在版编目(CIP)数据

动物检疫技术/李庄主编．—合肥:合肥工业大学出版社,2017.6
ISBN 978-7-5650-2644-7

Ⅰ.①动…　Ⅱ.①李…　Ⅲ.①动物—检疫—高等职业教育—教材
Ⅳ.①S851.34

中国版本图书馆CIP数据核字(2016)第023282号

动物检疫技术

李　庄　主编　　　　责任编辑　马成勋

出　版	合肥工业大学出版社	版　次	2017年6月第1版
地　址	合肥市屯溪路193号	印　次	2017年6月第1次印刷
邮　编	230009	开　本	710毫米×1000毫米　1/16
电　话	理工编辑部:0551—62903200	印　张	12.25
	市场营销中心:0551—62903198	字　数	230千字
网　址	www.hfutpress.com.cn	发　行	全国新华书店
E-mail	press@hfutpress.com.cn	印　刷	安徽昶颉包装印务有限责任公司

ISBN 978-7-5650-2644-7　　　　定价:25.00元

前　言

本书是根据《国务院关于加快发展现代职业教育的决定》（国发［2014］19号）、《关于加强高职高专教育教材建设的若干意见》和《关于全面提高高等职业教育教学质量的若干意见》的精神，并依照《2014安徽省省级优秀青年人才支持计划项目》建设中对于高职高专特色教材的要求编写的。本书紧紧围绕高职高专畜牧兽医类专业教育的要求，注重动物检疫工作的实际，结合教学改革的实践经验，突出实践技能教学。在编写过程中根据我国动物防疫与检疫职业岗位（群）生产实际的需求，既要有一定的理论知识，更要注重应用和实训，并强调动物检疫岗位职业技能的培养。

该教材全书包括5个项目、20个典型工作任务，系统介绍了动物检疫理论知识、动物产地检疫技术、动物及其产品屠宰检疫技术、动物及其产品运输检疫技术、动物及产品市场检疫技术。其中项目一、项目二及实训部分由池州职业技术学院李庄编写，项目三由池州职业技术学院许二学、吴俊编写，项目四由黑龙江农业职业技术学院高月林编写，项目五由池州职业技术学院吴萍萍和安徽省畜牧技术推广总站孟祥金编写，全书由池州职业技术学院朱宏兵统稿、审阅。在此一并表示感谢。

由于编者水平有限，书中疏漏和不妥之处在所难免，恳请专家、同行和广大读者批评指正。

编　者

2017年6月

目 录

项目一　动物检疫理论知识

【项目目标】

知识目标

1. 了解动物检疫的概念、作用和特点；
2. 掌握动物检疫的分类、对象及范围；
3. 熟记动物检疫的程序、方法和处理。

能力目标

1. 能叙述动物检疫的作用、特点和原则；
2. 掌握动物检疫的分类、确定检疫对象及范围等技能；
3. 能根据动物检疫相关法律法规从事动物检疫相关工作。

任务一　动物检疫认知

一、动物检疫的认知

(一)动物检疫的概念

动物检疫是指为了预防、控制和扑灭动物疫病，由法定的机构、人员，依照法定的检疫项目、标准和方法对动物及动物产品的出售、运输和加工进行检疫、定性和处理，是保障动物及动物产品安全、保护畜牧业生产和人民身体健康的强制性技术行政措施。

动物检疫不同于一般的兽医诊断，它是动物卫生监督机构依照《中华人民共和国动物防疫法》和国家兽医主管部门的相关规定对动物及产品实施检疫。虽然都是利用兽医诊断技术对动物进行疫病诊断，但二者在目的、对象、范围和处理等方面差异很大。临床上兽医采取各种诊断技术，对患病动物进行诊断，为有效治疗提供依据，属于兽医技术业务工作，是一种职业工作。而动物检疫是一种兽医卫生的管理手段，带有强制性的行政行为，是由动物卫生监督机构的官方兽医通过兽医诊断技术具体实施动物、动物产品检疫，出具检疫证明，加施检疫标志，通过检疫结果做出科学合理的处理，从而防止疫病的传播。

（二）动物检疫内容

动物检疫的内容包括：产地检疫、屠宰检疫、检疫监督。通过产地检疫，对患病动物及动物产品就地隔离处理或无害化处理，有效地避免疫情远距离、大范围传播。通过屠宰检疫，可以防止患病动物进入屠宰环节，避免动物产品进入大众的餐桌，保障人民的饮食安全。通过动物及其产品的检疫监督有利于防止动物疫病的传播、扩散和流行，保障畜牧业健康发展和人类公共卫生安全。

（三）动物检疫的作用

动物检疫是动物防疫工作的重要组成部分，是防疫灭病的重要手段。动物检疫最根本的作用是通过对动物、动物产品的检疫（验）、消毒和处理，达到防止动物疫病传播扩散、保障人类健康、推动畜牧业发展、繁荣经济和促进对外贸易的目的。

1. 监督作用

动物检疫员通过索证、验证，发现和纠正违反动物卫生行政法规的行为，保证动物、动物产品生产经营者合法经营，维护消费者的合法权益。加强动物检疫工作可促使动物饲养者自觉开展预防接种等防疫工作，提高免疫接种率，从而达到以检促防的目的；加强动物检疫工作可促进动物及其产品经营者主动接受检疫，合法经营；加强动物检疫工作可促进产地检疫工作的顺利进行，在不合格的动物及其产品进入流通环节之前进行处理，强化基层检疫工作。

2. 防止患病动物和染疫产品进入流通环节

动物检疫其意义在于能及时采取措施，扑灭疫源，防止疫情传播蔓延，保护畜牧业生产，保证上市动物肉类新鲜无害，保护消费者的健康。同时可通过对检疫所发现动物疫情的记录、整理、分析，及时、准确、全面地反映动物疫病的流行分布动态，为制订动物疫病防治规划和防疫计划提供可靠的科学依据。

3. 消灭一些动物疫病的有效手段

现在兽医预防手段对多种疫病仍无疫苗可供接种，如绵羊痒病、结核病、鼻疽等慢性疫病。但通过检疫、扑杀病畜、无害化处理染疫产品等手段可达到净化、消灭的目的。

4. 维护动物及其产品的对外贸易

通过对进出口动物及其产品的检疫，发现有患病动物或染疫产品，可依照双方协议进行索赔，使国家进出口贸易免受损失。另外，通过对出口动物及其产品的检疫，可保证质量，维护贸易信誉。

5. 防止人畜共患病，保护人体健康

通过动物及其产品传播的疫病会危害人体健康。在动物疫病中，有近 200

种属于人畜共患的疫病，如口蹄疫、炭疽、沙门氏菌病等。通过检疫，可以及早发现并采取措施，防止人畜共患病。因此，加强动物检疫对保护人体健康有着重要的现实意义。

（四）动物检疫特点

动物检疫是一种以技术为依托的政府监督管理职能，不同于一般的动物疫病诊断和检测，它是由相关法律、法规规定的具有强制性的技术行政措施。在各方面都有严格的要求，有其固有的特点。

1. 强制性

动物检疫是政府强制性行政行为，受法律保护，由国家行政力量支持，以国家强制力为后盾的特性。凡拒绝、阻挠、逃避、抗拒动物检疫的，都属违法行为，都将受到法律制裁。有关法律法规规定，畜禽及其产品在生产、流通过程中，必须经当地动物防疫监督机构或其委托单位实施检疫，并出具证明。任何单位和个人都必须服从并协助做好动物检疫工作。凡触犯刑法的，依法追究刑事责任。这些充分体现了动物检疫的依法强制性。

2. 法定的机构和人员

法定的检疫机构是指动物防疫法规定，在规定的区域或范围内行使检疫职权的单位，即动物检疫主体。法定的检疫人员是指经畜牧兽医行政管理部门批准，在规定范围内从事具体动物检疫工作的工作人员。我国目前法定检疫机构有国家动物检疫机构、自行检疫单位、国务院畜牧兽医行政管理部门和商品流通行政管理部门等。检疫工作是一项技术性很强的工作。只有经动物防疫监督机构考核批准、符合相关条件、取得资格证书的检疫人员，才有权实施检疫行为，其签发的检疫证明才具有法律效力。检疫机构和检疫人员，必须依法实施检疫工作。

3. 法定的检疫项目和检疫对象

法定的检疫项目是指动物从饲养、运输、屠宰、加工乃至形成产品后，再从运输到出售，经过若干环节，其中每一环节除了要经过具体的检疫外，尚包括索证、验证等方面的检查事项。为防止动物检疫各个环节重复检疫，我国防疫法律、法规对各个环节的检疫项目分别作了不同的规定。

法定的检疫对象是指由国家和地区根据不同动物传染病和动物寄生虫病的流行情况、分布及危害程度，以法律的形式规定的某些必检动物疫病，由农业部公布的《一、二、三类动物疫病病种名录》中所列的动物疫病均为法定检疫对象。动物防疫法规对国内动物检疫的法定检疫对象已分别作了规定，动物检疫人员在实施检疫时必须按规定进行，否则将视为违章操作。

4. 法定的检疫标准和方法

动物检疫的科学性和依法管理的特点，决定其必须采用动物防疫法律、法规统一规定的检疫方法和判定标准。这样，其检疫结果才具有行政权威性，据此出具的检疫证明才具有法律效力。

我国法定的动物检疫方法又称动物检疫规程。主要有农业部、卫生部、原外贸部、原商业部颁布的《生猪产地检疫规程》(见附录四)《生猪屠宰检疫规程》(见附录五)《动物检疫操作规程》《肉品卫生检验试行规程》《畜禽产地检疫规范》(GB 16549—1996)《新城疫检疫技术规范》(GB 16550—1996)和《种畜禽调运检疫技术规范》(GB 16567－1996)。这些规程规定,凡属对人类有害的不卫生因素,在检验中一旦发现,均应进行无害化处理。所以要求肉品卫生检验与检疫必须同步实施。检疫人员在操作中也应一并遵照执行国家质量技术监督检验检疫总局发布的动物检疫国家强制性标准,以及农业部制定颁布的各种疫病诊断检测标准等。

5. 法定的处理方法

对动物及动物产品实施检疫后,应根据检疫的结果依法做出合格的与不合格处理决定,其处理方法必须依法实施,不得任意处理。对检疫合格的动物及动物产品应出具相应的《检验检疫合格证明》或在胴体上加盖验印章;对检疫不合格的动物及产品,动物检疫人员应立即上报动物防疫监督机构,并出具《动物检疫处理通知单》,依法采取封锁、隔离、消毒、销毁及无害化处理等措施。

6. 法定的检疫证明

动物检疫是一项行政执法行为,所开具的检疫证明具有一定的法律效力。所有单位和个人必须持有有效的检疫证明,依法经营动物及其产品才能收到法律法规的保护。相关检疫部门所开具的检疫证明主要有:《动物产地检疫合格证明》《出县境动物检疫合格证明》《出县境动物产品检疫合格证明》《动物产品检疫合格证明》等。

(五)动物检疫的原则

动物检疫遵循过程监管、风险控制、区域化和可追溯管理相结合的原则,主要有以下 6 个方面。

1. 依法实施的原则

动物检疫是政府行政行为,检疫人员一定要做到有法可依、有法必依。这是必须明确的原则。

2. 法定程序的原则

动物检疫的整个过程必须依照法定的程序进行,否则检疫处理的结果无效。

3. 尊重实事求是和科学的原则

在实施检疫的整个过程中必须以事实为依据、以法律为准绳。同时检疫人员必须使用科学的检疫方法、先进的检疫技术和设备,结合丰富的实践经验和熟练的技术操作,才能保障检疫结果的科学有效、保障动物及其产品的安全。

4. 促进生产、有利流通的原则

被检动物及动物产品，绝大多数已经进入或即将进入流通领域，对于生产、经营者来说，流通速度越快，其经济效益才能得到最大程度的保障。因此，动物检疫工作必须在准确的基础上力求快速，讲究工作效率。

5. 预防为主的原则

检疫的目的之一是预防、控制和扑灭动物疫病，因此必须贯彻以预防为主的原则，将检疫工作的重点应放在动物、动物产品进入流通之前，着重放在饲养、生产、加工环节的产地检疫上。

6. 检疫与经营相分离的原则

检疫作为行政行为，不能与经营合在一起，只有分离才能体现检疫行为的公正性。

二、动物检疫的范围、对象和方法

（一）动物检疫范围

动物检疫范围是指动物检疫的责任界限，在动物检疫人员实施动物检疫过程中必须明确的，严格按照所界定的检疫范围是做好动物检疫工作前提。其检疫范围包括实物检疫和性质检疫两种。

1. 动物检疫的实物范围

1.1　国内动物检疫的范围

国内动物检疫的范围包括动物和动物产品。动物主要是指猪、羊、牛、马、驴、骡、兔、犬等；家禽主要是指鸡、鸭、鹅等；其他动物主要是指实验动物、观赏动物、演艺动物、家养野生动物、水产动物（主要为鱼类）、蜜蜂、蚕等。动物产品主要是指动物的生皮、原毛、精液、胚胎、种蛋以及未经加工的胴体、油脂、脏器、血液、绒、骨、角、头、蹄等。

1.2　进出境动物检疫的范围

进出境动物检疫的范围包括动物、动物产品和其他检疫物。动物包括畜、禽、兽、蛇、龟、鱼、虾、蟹、贝、蚕、蜂等；动物产品是指来源于动物未经加工或者虽经加工但仍可能传播疫病的产品，包括生皮张、毛类、肉类、脏器、油脂、水产品、奶制品、血液、精液、胚胎、骨、蹄、角等；其他检疫物是指疫苗、血清、诊断液、动物性废弃物等。

1.3　运载饲养动物及其产品的工具

包括车、船、飞机、包装物、饲料、铺垫材料和饲养工具等。

2. 动物检疫的性质范围

2.1　生产性检疫　包括对国有农场、牧场、部队、集体和个人饲养的动物。

2.2　贸易性检疫　包括对进出境、市场交易、运输、屠宰的动物及其产品。

2.3　非贸易性检疫　包括对国际邮包、展品、援助、交换、赠送以及旅客携带的动物和动物产品。

2.4　观赏性检疫　包括对动物园的观赏动物、艺术团体的演艺动物等。

2.5　过境性检疫　包括对通过国境的列车、汽车、飞机等运载的动物及其产品。

(二)动物检疫对象

动物检疫对象是指我国政府规定的被检动物疫病(动物传染病和寄生虫病)。由于动物疫病的种类很多,在我国,动物检疫对象只是把其中的一部分疫病规定为动物检疫对象,而不是所有的动物疫病。它是根据国内外动物疫情,在充分保护养殖业及人体健康的条件下,由国家规定并公布的。《中华人民共和国动物防疫法》(见附录一)第十条规定,全国动物检疫对象的具体病种名录由国务院畜牧兽医行政管理部门规定并公布。《中华人民共和国进出境动植物检疫法》第十八条规定,进境动物检疫对象的名录由国务院农业行政管理部门制定并公布。2008年农业部颁布新的《一、二、三类动物疫病病种名录》,规定国内动物检疫对象分三类动物疫病,其中一类17种、二类77种、三类63种,共计157种。

一类动物疫病

口蹄疫、猪水疱病、猪瘟、非洲猪瘟、高致病性猪蓝耳病、非洲马瘟、牛瘟、牛传染性胸膜肺炎、牛海绵状脑病、痒病、蓝舌病、小反刍兽疫、绵羊痘和山羊痘、禽流行性感冒(高致病性禽流感)、新城疫、鲤春病、毒血症、白斑综合征(17种)。

二类动物疫病(以下为主要疫病)

多种动物共患疫病:伪狂犬病、狂犬病、炭疽、魏氏梭菌病、副结核病、布鲁氏菌病、弓形虫病、棘球蚴病、钩端螺旋体病(9种);

牛疫病:牛传染性鼻气管炎、牛恶性卡他热、牛白血病、牛出血性败血病、牛结核病、牛焦虫病、牛锥虫病、日本血吸虫病(8种);

绵羊和山羊疫病:山羊关节炎—脑炎、梅迪—维斯纳病(2种);

猪疫病:猪乙型脑炎、猪细小病毒病、猪繁殖与呼吸综合征、猪丹毒、猪肺疫、猪链球菌病、猪传染性萎缩性鼻炎、猪支原体肺炎、旋毛虫病、猪囊尾蚴病(10种);

马疫病:马传染性贫血、马流行性淋巴管炎、马鼻疽、巴贝斯焦虫病、伊氏锥虫病(5种);

禽疫病:鸡传染性喉气管炎、鸡传染性支气管炎、鸡传染性法氏囊病、鸡马立克氏病、鸡产蛋下降综合征、禽白血病、禽痘、鸭瘟、鸭病毒性肝炎、小鹅瘟、禽霍乱、鸡白痢、鸡败血支原体感染、鸡球虫病(14种);

兔疫病:兔病毒性出血病、兔黏液瘤病、野兔热、兔球虫病(4种);

水生动物疫病:病毒性出血性败血病、鲤春病毒血症、对虾杆状病毒病(3种);

蜜蜂疫病:美洲幼虫腐臭病、欧洲幼虫腐臭病、蜜蜂孢子虫病、蜜蜂螨病、大蜂螨病、白垩病(6种)。

三类动物疫病(以下为主要疫病)

多种动物共患疫病:黑腿病、李氏杆菌病、类鼻疽、放线菌病、肝片吸虫病、丝虫病(6种);

牛疫病:牛流行热、牛病毒性腹泻/黏膜病、牛生殖器弯曲杆菌病、毛滴虫病、牛皮蝇蛆病(5种);

绵羊和山羊疫病:肺腺瘤病、绵羊地方性流产、传染性脓疱皮炎、腐蹄病、传染性眼炎、肠毒血症、干酪性淋巴结炎、绵羊疥癣(8种);

马疫病:马流行性感冒、马腺疫、马鼻腔肺炎、流行性淋巴管炎、马媾疫(5种);

猪疫病:猪传染性胃肠炎、猪副伤寒、猪密螺旋体痢疾(3种);

禽疫病:鸡病毒性关节炎、禽传染性脑脊髓炎、传染性鼻炎、禽结核病、禽伤寒(5种);

鱼疫病:鱼传染性造血器官坏死、鱼鳃霉病(2种);

其他动物疫病:水貂阿留申病、水貂病毒性肠炎、鹿茸真菌病、蚕型多角体病、蚕白僵病、犬瘟热、利什曼原虫病(7种)。

三、动物检疫的分类及相关法律法规

(一)动物检疫的分类

根据动物及其产品的动态和运转形式,动物检疫在总体上分为国内检疫和国境检疫两大类。国内检疫简称内检,包括产地检疫、净化检疫、运输检疫、屠宰检疫和市场检疫5种;国境检疫简称外检,包括进境检疫、处境检疫、过境检疫、携带或邮寄检疫和运输工具检疫5种。

(二)动物检疫主要法律法规(见附录一)

《中华人民共和国动物防疫法》是中华人民共和国第十届全国人民代表大会常务委员会于2007年8月30日修订通过,自2008年1月1日起施行的。新修订的《中华人民共和国动物防疫法》总结了近年防控重大动物疫病实践经验,针对动物防疫工作中遇到的一些新情况、新变化、新问题及国际兽医合作中提出的一些新要求,从动物疫病的预防、控制、疫情的处理、检疫、动物诊疗和保障措施等方面对原《动物防疫法》做出了进一步的修订完善。新修订的《中华人民共和国动物防疫法》解决了当前动物防疫工作中存在的主要问题,符合当前动物疫病防控工作的需要,同时还借鉴了国外的良好经验,构建了一套符合我国国情的法律法规,为重大动物疫病防控工作提供了强有力的法律武器。

其他的主要动物检疫相关法规,有《动物检疫管理办法》(农业部2010年第6号)《一、二、三类动物疫病病种名录》(农业部公告第1125号)《生猪屠宰检疫规范》(NY/T909—2004)《病害动物和病害动物产品生物安全处理规程》《动物检疫检验工》国家职业标准等。

四、动物检疫的目的和意义

动物检疫是遵照国家法律、运用强制性手段和科学技术方法，预防或阻断动物疫病的发生以及从一个地区到另一个地区间的传播，通过实施动物检疫可在保障畜牧业经济迅速发展的同时有力地保障人类公共卫生的安全和健康。

(1)动物检疫有利于保护农、林、牧、渔业生产。众所周知，农、林、牧、渔业生产在世界各国国民经济中占有非常重要的地位。采取一切有效的措施免受国内外重大疫情的灾害，是每个国家动物检疫部门的重大任务。

(2)动物检疫可促进经济贸易的发展。当前国际动物及动物产品贸易的成交与否，关键在于具有优质、健康的动物和其产品。因此，动物检疫工作起到的作用不可缺少、事关重要。

(3)动物检疫可保护人民身体健康。动物及其产品与人的生活密切相关，许多疫病是人畜共患的传染病。据有关方面不完全统计，目前动物疫病中，人畜共患的传染病已达196种。1996年在世界范围内引起的疯牛病(BSE)风波其主要原因是与人的健康有关而风靡世界。动物检疫对保护人民身体健康具有非常重要的现实意义。

五、动物检疫发展史

动物检疫源于300多年前的欧洲，当时世界上发生了一系列重大动物疫病，造成了巨大的经济损失。为了防止疫病的传播流行，人类在长期与疫病做斗争的过程中，积累了丰富的经验，有关国家采取了制止措施，由此而产生了动物检疫。中国动物检疫始于20世纪30年代，历经数十年，目前已形成了较完善的动物检疫体系。中国在对外开放的港口、机场、车站和各省市、自治区动物流动聚集的地方都设有动物检疫机关，担负着进出境动物和动物产品的检疫任务。此外各省市、自治区政府所在地设有本地区动物防疫和检疫机构，形成了一个强大的动物检疫体系。

任务二　动物及动物产品检疫方法与检疫处理

一、动物及动物产品检疫方法

(一)动物及动物产品检疫基本流程

动物及动物产品在检疫过程中应遵守法定的检疫程序，分检疫审批、检疫的报检、检疫的实施、检疫结果的判定和出证及检疫的处理5部分。

1. 检疫审批

检疫审批包括国内异地引进物种用动物及动物产品的检疫审批，进境检疫审批、过境检疫审批和携带、邮寄检疫审批。进境检疫审批又包括一般检疫审批和特许检疫审批：一般检疫审批是指输入动物、动物产品等的审批；特许检疫审批是指因科学研究等特殊需要引进国家禁止进境物的审批。

2. 检疫报检

检疫报检包括产地检疫报检、运输检疫报检、进境检疫报检、出境检疫报检、过境检疫报检和携带、邮寄检疫报检等。

3. 检疫实施

根据不同的动物及动物产品检疫种类不同实施检疫。检疫机关包括临诊检疫和按规定必须进行的实验室检疫。

4. 检疫结果的判定和出证

检疫结果的判定和出证是动物检疫的最终结果体现，是进行检疫处理和货主对外索赔的法定依据。这一点在进出境检疫中更加至关重要。可根据检疫结果，按检疫法规做出放行、截留、处理、退回等处理。

5. 检疫处理

检疫处理是整个检疫流程最后环节，对检疫结果采取科学合理的处理是实现动物检疫的最终目标。

(二)检疫材料的采集和送检

1. 检疫材料采集的一般原则

1.1　不随意解剖病畜尸体　凡发现疑似烈性传染病或怀疑是炭疽的，检疫人员必须上报动物卫生监督机构做进一步检查，确定不是炭疽方可解剖。

1.2　适时采集　内脏的采集应采取濒死新鲜病料，对于已死患病动物应尽快采集，采集时间不超过6小时。血液样品应在进食后8小时后进行。

1.3　无菌采样　样品的采集过程中应坚持无菌采样，盛放样品的容器应经无菌处理。

2. 检疫材料的采集

2.1　血液的采集

血液采集通常采取静脉采血方式，对于大动物如猪、马、牛、羊等可选用颈静脉或尾静脉采血；禽类通常选择翅静脉采血，也可以通过心脏采血。大、中动物采血量为10ml左右、小动物为3ml左右。

2.2　一般组织的采集

用常规解剖器械剥离死亡动物的皮肤，体腔用消毒的器械剥开，所需病料按无菌操作方法从新鲜尸体中采集收取于灭菌容器中送检。

2.3 肠内容物及粪便的采集

肠内容物的采集选取病变典型部分的内容物。体外采集粪便，应力求新鲜。或者采取直肠中的粪便放于盛有30%甘油盐水缓冲液的无菌容器中。

2.4 尿液的采集

在动物排尿时用无菌容器直接接去，应选在早晨进行。

3. 检疫材料的送检

对于所采集的样品应以最快、最直接的途径送往实验室进行病原学检查，如果不能在24小时内及时送检，可放在4度左右的容器中运送。在运送的过程中防止样品泄露避免环境的污染。样品应做好标签记录，包括样品的名称、动物的种类、采集地点、样品编号等。

(三)动物及动物产品检疫方法

动物及动物产品检疫对象繁多，为准确迅速地做出检疫，必须采用科学合理的检疫方法才能有效地完成检疫工作。常用的检疫方法有流行病学调查、临诊检查、病理学检查、病原学检查和免疫学检查法5种。

1. 流行病学调查法

1.1 询问调查法 询问调查是流行病学调查中最常用的方法之一。询问的对象主要包括畜主、饲养管理人员、地方兽医及周围居民等。询问调查主要用于查明传染源、传播媒介和流行规律等问题。

1.2 现场观察法 现场观察法是建立在询问调查法基础上进行的，调查人员应亲临现场观察，是验证和补充询问调查获得资料的一个重要途径。现场观察可根据不同情况，选择性地进行观察。如发生肠道疾病时，应注意饲料的质量和来源、水质状况、粪便和动物尸体的处理情况等；如发生呼吸道疾病，应重点检查畜舍环境卫生、有无直接接触史等情况；发生传媒病时，应注意调查当地吸血昆虫的种类、分布、生态习性等。此外疫区的动物防疫情况、地理分布、地形特点和气候条件等也应注意调查。

1.3 查验资料法 了解动物生产、免疫、检测、诊疗、消毒等情况。

1.4 数理统计法 为了对调查中获得的各种数据进行比较分析，找出疫情，可以应用统计学方法，对畜禽的发病数、死亡数、屠宰头数以及预防接种头数等加以统计和整理分析。

2. 临诊检查法

临诊检查是动物检疫方法中最常用的检查方法，利用人的感官器官或借助简单的检查器械，如听诊器、体温计等对动物呼吸、毛色、体态、体温、脉搏等进行基础检查。通过对动物进行整体和个体检查、常规检查和系统检查，以发现某些临床症状，结合流行病学调查数据，往往可以得出初步检疫结论。动物及其产品的临诊检查应用于产地、运输、屠宰等流通环节的动物检疫中，是动物检疫中最常用的方法。在临诊检查中，一般遵循“先休息后检疫，先群体检查后个体检查”的原则。

2.1　群体检查法

群体检查法是指对待检疫动物群体进行现场临诊观察。其主要通过对动物群体症状进行观察，对整群动物的健康与否做出初步评价，并从群体中把患病动物筛选出来，并做好记录，等待个体的进一步检查。

群体检查时以动物群体为单位，通常将来自同一地区、同一批的动物划为一群或将一圈、一舍的动物划为一群。禽、兔、犬等可按笼、箱、舍分群。运输检疫时，可登车、船、机舱进行群检或在卸载后进行集中检疫。一般采用“先静态检查，再动态检查，后饮食状态检查”的方法，即所谓的“三态”检查法。经检查发现异常表现或症状的动物，应做好标记以便待检。

2.2　个体检疫法

个体检疫法是指对群体检疫中检出的可疑病态动物进行系统的个体临诊检查。其目的在于初步鉴定动物是否患病、是否为检疫对象，然后再根据需要进行必要的实验室检疫。

一般对在群体检疫中无病的动物也要按5%～20%抽样做个体检疫。若个体检疫发现患病动物，应再抽检10%；必要时，应全部进行个体复检。个体检疫方法一般包括视诊、触诊、听诊、叩诊和检测体温、脉搏、呼吸数等。

2.2.1　视诊　利用肉眼观察动物的外部表现，要求检疫员有敏锐的观察能力和系统的检查经验。视诊时一般先不要靠近动物，也不宜进行保定，以免惊扰，应尽量使动物取自然的姿态。检查者应先站在离动物适当距离处，首先观察其全貌，然后由前往后、从左到右、边走边看，观察动物的头、颈、胸、腹、脊柱、四肢；当至正后方时，应注意尾、肛门及会阴部，并对照观察两侧胸、腹部是否有异常；最后再接近动物，进行细部检查。

2.2.2　触诊　利用手触摸感知畜体各部的性状。触诊耳朵、角根，初步确定体温变化情况；触摸皮肤弹性，健康动物皮肤柔软、富有弹性，若弹性降低，多见于营养不良或脱水性疾病；检查胸廓、腹部敏感性；检查体表淋巴结，触诊检查其大小、形状、硬度、活动性、敏感性等，必要时可穿刺检查。如马腺疫病马，颌下淋巴结肿胀、化脓、有波动感。牛梨形虫病，则呈现肩前淋巴结急性肿胀的特征；禽病，要检查嗉囊，看其内容物性状及有无积食、气体及液体。如鸡新城疫时，倒提鸡腿可从口腔流出大量酸性气味的液体食糜；

2.2.3　听诊　利用听觉器官或借助听诊器检查动物各器官发出的声音，分为直接听诊法与间接听诊法。直接听诊法，先于动物体表上放一听诊布，然后用耳直接贴于动物体表的欲检部位进行听诊。检查者可根据检查的目的采取适宜的姿势；间接听诊法，即应用听诊器在欲检器官的体表相应部位进行听诊。如肺部听诊时,肺泡呼吸音增强多见于发热性疾病和支气管肺炎、肺泡呼吸音减弱或消失多见于慢性肺泡气肿或支气管阻塞;当支气管黏膜有黏稠的分泌物、支气管黏膜发炎肿胀或支气管痉挛时,可听到干啰音,是支气管炎的典型症状;当支气管中有大量稀薄的液状分泌物时,可听到湿罗音,多见于支气管炎、各型肺炎、肺结核等侵及小支气管的情况。

2.2.4　体温是动物生命活动的重要生理指标之一,其增多或减少,表明某些疾病的发生。体温测定各种健康动物都有一定的正常范围。体温不正常是动物对内外因素的反应。体温变化对畜禽的精神、食欲、心血管、呼吸器官都有明显的影响。测温时,应考虑动物的年龄、性别、品种、营养、外界气候、使役、妊娠等情况,这些都可能引起一定程度的体温波动,但波动范围一般为0.5℃,最多不会超过1℃。

根据体温升高的程度可将发热分为微热、中热、高热和极高热。微热是指体温升高0.5～1℃,多见于轻症疫病及局部炎症,如胃肠卡他、口炎等;中热是指体温升高1～2℃,多见于亚急性或慢性传染病、布鲁氏菌病、胃肠炎、支气管炎等;高热是指体温升高2～3℃,多见于急性传染病或广泛性炎症,如猪瘟、猪肺疫、胸膜炎、大叶性肺炎等;极高热是指体温升高3℃以上,多见于严重的急性传染病,如传染性胸膜肺炎、炭疽、猪丹毒、脓毒败血症和日射病等。

体温高者,须重复测试,以排除应激因素(如运动、暴晒、拥挤引起的体温升高)。体温过低,则见于大失血、严重脑病、中毒病及热性病濒死期。常见动物的正常体温见表1。

表1　常见动物的正常体温

动物种类	体温/℃	动物种类	体温/℃	动物种类	体温/℃
牛	37.5～39.5	猪	38.0～39.5	鸡	40.0～42.0
羊	38.0～39.5	犬	37.5～39.0	兔	38.5～39.5
马	26.0～42.0	猫	38.0～39.5		

体温测定的方法:家畜均以检测直肠温度为标准,而家禽常测翼下温度。测温时,应将体温计的水银柱降至35℃以下,用酒精棉球擦拭消毒并涂以润滑剂后再行使用。被检动物应加以适当的保定。

2.2.5　在动物充分休息后测定。脉搏增多见于多数发热病、心脏病及伴有心功能不全的其他疾病等;脉搏减少见于颅内压增高的脑病、胆质血症及有机磷中毒等。各种动物的正常脉搏数见表2。

表 2　常见动物的正常脉波数

动物种类	脉搏数/(次.min^{-1})	动物种类	脉搏数/(次.min^{-1})	动物种类	脉搏数/(次.min^{-1})
牛	40～80	猪	60～80	鸡	120～200
羊	60～80	犬	70～120	兔	120～140
马	26～42	猫	110～130		

脉搏测定的方法:测定每一分钟脉搏的次数,以次/分钟表示。马属动物,可检颌外动脉:检查者站在马头一侧,一手握住笼头,另一手拇指置于下颌骨外侧,食指、中指伸入下颌骨内侧,在下颌骨的血管切迹处前后滑动,发现动脉管后,用指轻压即可感知。牛通常检查尾动脉:检查者站在牛的正后方,左手抬起牛尾,右手拇指放于尾根部的背面,用食指、中指在距尾根 10cm 左右处尾的腹面检查。猪、羊、犬和猫,可在后肢股内侧的股动脉处检查。

2.2.5　呼吸数测定宜在安静状态下测定。呼吸数增加,多见于肺部疾病、高热性疾病、疼痛性疾病等;呼吸数减少,多见于颅内压显著增高的疾病(如脑炎、代谢病等)。各种动物的呼吸数见表 3。

表 3　各种动物的正常呼吸数

动物种类	呼吸次数/(次.min^{-1})	动物种类	呼吸次数/(次.min^{-1})	动物种类	呼吸次数/(次.min^{-1})
马	8～16	猪	10～30	鸡	15～30
牛	10～25	犬	10～30	兔	50～60
羊	12～30	猫	10～30		

呼吸数测定的方法:测定动物每分钟的呼吸次数,以次/分钟表示。一般可根据胸腹部的起伏动作而测定,检查者立于动物的侧方,注意观察其腹肋部的起伏,一起一伏为一次呼吸。在寒冷季节也可通过观察呼出气流来测数。鸡的呼吸数可观察肛门下部的羽毛起伏动作来测定。

3. 病理学检查

病理学检查法包括病理解剖检查和病理组织学检查法。如果无法用临诊检查法确诊时,可进行病理学检查方法进行检查。根据其病理变化特征初步确定是何种检疫对象,或提出可疑疫病范围以便进一步确诊。

3.1　病理解剖学检查法

病理解剖学检查主要是应用病理解剖学知识和技术,对动物尸体进行解剖检查、观察动物组织的病理变化。包括外部检查和内部检查。

3.1.1　外部检查　注意其营养状况，皮毛、可视黏膜及天然孔情况。根据肌肉发育和皮下脂肪确定是否营养不良，检查可视黏膜有无贫血、瘀血、出血、黄疸、溃疡等变化，检查皮肤、蹄部有无外伤、水疱、水肿、出血、充血等变化。注意尸僵变化，死于破伤风的动物尸僵发生快而显著；死于败血症的动物尸僵不明显。

3.1.2　内部检查　进行剖检时，应在严密消毒和隔离情况下进行，以防剖检时的血、尿、粪等污染引起病原扩散，造成疾病的流行。如果怀疑为烈性传染病如炭疽、狂犬病、羊快疫等，动物尸体严禁剖检。在进行剖检时，应采用重点检查与系统检查相结合的方法，找出病理变化，做出初步分析和诊断。

3.2　病理组织学检查

对肉眼看不清楚的疑难疫病，病理剖检难以得出初步结论时，应采取病料组织切片做的方式，在显微镜下观察其细微的病理变化，借以帮助诊断。

4. 病原学检查

利用兽医微生物学和寄生虫学对动物疫病的病原体进行检查，是诊断动物疫病的一种比较可靠的诊断方法。但要进行实验室检查，必须准确地采集病料，才能得到准确的结果。采病料时，必须根据临诊检疫结果，针对可疑检疫对象存在的部位，采取适宜的病料送检。例如传染性萎缩性鼻炎采鼻分泌物送检、布氏杆菌病采血清送检。另外，采集的病料要求新鲜、典型、无污染。

5. 免疫血清学检查技术

血清学检测技术种类繁多。有操作简单的凝集反应、沉淀反应；有操作较为复杂的补体结合反应、细胞中和试验；亦有广泛应用在疫病诊断中的酶标记抗体技术等。而这些技术都是建立在抗原抗体特异性反应基础之上。抗原与相应抗体在体外一定条件下发生反应，这种反应现象能用肉眼观察或通过仪器检测出来。因此，可利用抗原抗体中已知的任何一方去检测未知的另一方，以达到检疫目的。

6. 生物学检查技术

随着现代生物技术的不断发展，现代生物技术也广泛地应用于畜禽疫病诊断，为动物检疫检验提供了很多高效、快捷、准确的方法。如 20 世纪 80 年代以来广泛采用的 ELISA（酶联免疫反应），诊断准确、经济；单克隆抗体也广泛地应用于动物传染病的临床诊断、鉴别诊断、病毒分型和流行病学的研究；DNA 分子杂交、PCR、免疫印迹等分子生物学诊断技术也将会成为动物疫病诊断的有效方法。在动物检疫检验中，这些诊断技术对正确诊断疫病起着重要的作用。

二、动物及动物产品检疫的程序

动物检疫具有一定的组织程序，包括检疫申报、现场检疫和动物检疫结果的划分。

(一)检疫申报

动物及动物产品在屠宰、出售或运输之前,畜主或货主应当按照国务院兽医主管部门的规定向当地动物卫生监管机构申报检疫。畜主或货主应按下列事件向动物卫生监管机构报检:(1)出售、运输动物产品和供屠宰、继续饲养的动物,应当提前3天申报检疫;(2)出售、运输乳用动物、种用动物及其卵、精液、胚胎及展览、演出和比赛的动物,应提前15天申报检疫;(3)向无规定动物疫病区运输相关动物及产品,货主除按规定向输出地动物卫生监督机构申报检疫外,还应当在起运前向输入地省级动物卫生监督机构申报检疫;(4)合法捕获野生动物的,应当在捕获后3天向当地县级动物卫生监督机构申报检疫;(5)屠宰动物的,应当提前6小时向所在地动物卫生监督机构申报检疫,但急宰动物可随时申报。

(二)现场检疫

现场检疫即动物在交易、待宰、待运或运输前后以及到达口岸时,在现场集中进行的检疫方式。现场检疫方式适用于内检和外检的各种动物检疫,是一种常用而且必要的检疫方式。动物卫生监管机构在接到检疫申报后,应及时指派官方兽医对动物及其产品实施现场检疫。

1. 现场检疫的实施

1.1　查证验物　查证就是查看有无检疫证书,检疫证书是否是法定检疫机构的出证,检疫证书是否在有效期内,查看贸易单据、合同以及其他应有的证明。验物就是核对被检动物的种类、品种、数量、产地等是否与上述证单相符合。

1.2　"三观一查"　"三观"是指临诊检疫中群体检疫的静态、动态和饮食状态3个方面的观察;"一查"是指临诊检疫中的个体检查。也就是说,通过"三观"从群体中发现可疑病畜禽,再对可疑病畜禽个体进行详细的临诊检查,以便得出临床诊断结果。

(三)隔离检疫

隔离检疫是指将动物放在具有一定条件的隔离场或隔离圈(列车箱、船舱)进行的检疫方式。隔离检疫主要用于出入境检疫、准备出境动物的产地检疫、动物在运输前后及过程中发现有或可疑有传染病时的运输检疫、种畜禽调运前后的检疫、建立健康畜群时的净化检疫。

如调运种畜禽一般于起运前15～30d在原种畜禽场或隔离场进行检疫。到场后可根据需要,隔离15～30d。

1. 检疫隔离场的条件

为防止动物疫病的传播,动物检疫隔离场应具备一定的条件。

1.1　相对偏僻　检疫隔离场的场址应远离城镇、市场、牧场、配种站、兽医院、屠宰场、畜产品加工厂、学校、水源和交通要道，距离最好在1km以上。

1.2　有隔离设施　隔离设施包括围墙、隔离圈舍、更衣室、病理解剖室等。

1.3　有消毒和尸体处理设施　消毒设施包括人口消毒设施、污水消毒处理设施、粪便垫草污物消毒处理设施；患病动物尸体处理设施根据条件不同可设有焚尸炉、湿化机或专用尸体坑。

2. 隔离检疫的实施

2.1　临诊检查　动物在隔离场期间，必须按规定进行临诊健康检查。观察动物静态、动态和饮食状态，并定时进行体温检查，以便及时掌握动物的健康状况。一旦发现可疑患病动物，应及时采取病料送检。若有病死动物时，应及时剖检，并做好有关记录。

2.2　实验检查　动物在隔离期间，按照我国有关规定或两国政府签订的条款，以及双方合同的要求，进行规定项目的实验室检查，并严格按照有关规定进行检疫后的处理。

三、动物及动物产品检疫处理

动物及动物产品检疫处理是指在动物检疫中对被检动物、动物产品出证放行或进行无害化处理等一系列措施的总称。动物检疫处理是动物检疫工作的内容之一，只有及时而合理地进行动物检疫处理，才可以防止疫病扩散，保障防疫效果和人类健康；只有做好检疫后的处理，才算真正完成动物检疫任务。所以，检疫处理是动物检疫工作的重要内容和环节。

(一)动物检疫结果的分类

动物检疫结果有合格和不合格两类。

1. 合格动物及动物产品

通过动物检疫而没有患动物检疫对象(即法定检疫疫病)的动物，属于合格动物；通过对动物产品进行检验，证明来自健康动物或非检疫对象的动物产品属于合格动物产品。对于合格动物及动物产品，应出具检疫证明。检疫证明包括书面证明(如畜禽及其产品产地检疫证明、检疫放行通知单)、检疫印章和检疫标签，即对合格的动物及其产品出具书面证明，家畜胴体加盖检疫印章，禽类戴检疫铝环。

2. 不合格动物及动物产品

通过动物检疫发现有明显临诊症状或实验检疫证明为检疫对象的感染者，属于不合格动物；来自动物检疫对象的患病动物或受感染动物的产品，属于不合格产品。对于不合格动物及动物产品，必须按照有关规定做出及时而正确的处理。

（二）动物检疫处理的主要方法

动物检疫处理的方法是根据检疫出疫病的种类而确定的。不同的检疫对象，采取不同的处理措施，但动物检疫处理都是针对传染源、传播途径和易感动物这3个基本环节进行的。

1. 对传染源的处理

1.1　调查疫情　调查疫情是指动物流行病学的调查和分析，它是检疫处理的基础。通过调查疫情，掌握传染源的分布，处理传染源时才能做到心中有数，取得满意的检疫处理效果。

1.2　报告疫情　报告疫情是指在检疫中发现规定的疫病或其疑似规定疫病时，应及时按程序向上级动物防检机构报告。迅速而准确地报告疫情，对于掌握疫情、作出判断、有效处理都有重要意义。疫情报告的疫病种类是检疫对象。若是其中的一类传染病，应以最快的方式逐级上报。

1.3　检疫隔离　检疫隔离是指在动物检疫中把检出的传染源置于不能把疫病传染给健康动物的条件之中，以便于管理消毒、截断流行、控制疫情、就地扑灭。检疫隔离的对象主要是患病动物和可疑受感染动物。

1.4　封锁疫点疫区　疫点和疫区都是疫源地。疫源地是指存在有传染源及其排出的病原体所能波及的地区，包括传染源、被污染的畜舍、牧场、活动场所以及这个范围内的可疑动物群和贮存宿主。范围较小的疫源地或单个传染源所构成的疫源地称为疫点，如患病动物所在的厩舍、栏圈、场院、草地或饮水点。若干疫点连接成片且范围较大时称为疫区，一般是指某疫病正在流行的地区，包括患病动物病前（该病最长潜伏期）、病后到过的地区。疫区周围的地区称受威胁区。疫区和受威胁区以外的地区是安全区。

封锁是指把某些烈性传染病的疫源地封闭起来，防止疫病向安全区散播，防止健康动物误入疫源地而被感染。

1.5　淘汰病畜禽　淘汰病畜禽主要是指扑杀病畜禽，是消灭传染源的有力手段，但不是把检疫中发现的传染病病畜禽都扑杀掉，而是有一定的处理原则。检疫中发现的危害较大、过去没有发生过的新传染病病畜禽时，应予扑杀；检出的病畜禽患的是人畜共患的烈性传染病时，应予扑杀；该传染病的病畜禽无有效疗法时，予以扑杀；对畜禽治疗、运输等有关费用超出畜禽本身价值者，予以扑杀。

1.6　治疗病畜禽　治疗病畜禽是指对患一般性疾病的病畜禽进行治疗。由于各种疫病不同，特别是传染病不同于一般疾病，因此，治疗疫病时应注意：不能造成散播，必须在严密隔离条件下进行治疗；尽可能早治；消除病原体致病作用与增强机体抵抗力相结合；用药物治疗因地制宜、勤俭节约。

1.7　合理处理尸体　在检疫实际工作中，被检动物可能有死亡情况，这些死亡动物可能是传染病尸体，含有大量病原体，是特殊的危险传染源。合理处理尸体，就是对这种特殊传染源要进行及时而合理的无害化处理。处理的方法有化制、深埋和焚烧。运送处理尸体时，要堵塞尸体天然孔，运尸车应密闭不漏水，被尸体污染的地面、用具、运车等都应彻底消毒。烈性传染病尸体应化制或销毁，一般传染病常用炼制工业油处理。

2. 对传播途径的处理

针对切断传播途径的处理措施主要包括对环境、用具的消毒以及杀虫、灭鼠等。

3. 对易感动物的处理

动物检疫中遇到的假定健康动物等，属于易感动物。对易感动物的处理原则是提高易感动物的抗病能力，主要方法有改善饲养管理、免疫接种和药物预防。

(三)各类动物疫病的处理方法

在检疫中检出动物疫病时，因根据情况分别处理。

1. 一类动物疫病的处理

一类疫病是指对人畜危害严重、需要采取紧急、严厉的强制预防、控制、扑灭措施的疫病。发生一类动物疫病时，当地县级以上地方人民政府畜牧兽医行政管理部门应当立即派人到现场，划定疫点、疫区、受威胁区，采集病料、调查疫源，及时报请同级人民政府决定对疫区实行封锁，将疫情等情况逐级上报国务院畜牧兽医行政管理部门。县级以上地方人民政府应当立即组织有关部门和单位采取隔离、扑杀、销毁、消毒、紧急免疫接种等强制性控制及扑灭措施，迅速扑灭疫病，并通报毗邻地区。在封锁期间，禁止染疫和疑似染疫的动物、动物产品流出疫区，禁止非疫区的动物进入疫区，并根据扑灭动物疫病的需要对出入封锁区的人员、运输工具及有关物品采取消毒和其他限制性措施。

2. 二类动物疫病的处理

二类疫病是指可造成重大经济损失、需要采取严格控制、扑灭措施，防止扩散的疫病。发生二类动物疫病时，当地县级以上地方人民政府畜牧兽医行政管理部门应当划定疫点、疫区、受威胁区。县级以上地方人民政府应当根据需要组织有关部门和单位采取隔离、扑杀、销毁、消毒、紧急免疫接种、限制易感染的动物、动物产品及有关物品出入等控制、扑灭措施。

3. 三类动物疫病的处理

三类疫病是指常见多发、可能造成重大经济损失、需要控制和净化的疫病。发生三类动物疫病时，县级、乡级人民政府应当按照动物疫病预防计划和国务院畜牧兽医行政管理部门的有关规定，组织防治和净化。

4. 二类、三类动物疫病呈暴发性流行时的处理

按一类动物疫病处理。

5. 人畜共患疫病的处理

发生人畜共患疫病时，有关畜牧兽医行政管理部门应当与卫生行政部门及有关单位互相通报疫情。畜牧兽医行政管理部门、卫生行政部门及有关单位应当及时采取控制、扑灭措施。

任务三 几种常见动物的临诊检疫

动物的临诊检疫就是应用兽医临床诊断学的方法对被检动物进行群体和个体检疫，以区分病健动物，并得出是否是某种检疫对象的结论。动物临诊检疫是动物检疫方法中最常用的。

一、群体临诊检查

群体检疫的目的　群体检疫是指对待检动物群体进行的现场检疫。通过检查，从大群动物中挑选出病态动物，待隔离后进一步诊断处理。其好处是一方面能够及时发现患病动物，防止疫病在群体中蔓延；另一方面可根据整群动物的表现加以评价动物群体的健康状况。其群体检疫主要通过动物群体的静态观察、动态观察和采食情况进行。

(一)猪的群体临诊检查

1. 猪的静态观察

猪群可在运输工具或圈舍内休息时进行静态观察。若运输工具狭窄，猪群拥挤不易观察时，可于卸下休息时观察。检疫人员待猪群冷静下来后，方可接近猪群，站立在尽可能全览的位置观察。主要检查猪群的站立和睡卧的姿势，呼吸及体表状态。观察结果可分健康的猪和病猪。

1.1　健猪　健康的猪只站立平稳、不停地走动采食、呼吸均匀、被毛齐整有光泽；反应敏捷、警惕性高；睡卧常采取侧卧势、四肢伸展、头侧着地、若爬卧时后腿屈于腹下。

1.2　病猪　患病猪只精神委顿、蜷卧状、呻吟、独立离群、全身颤抖、呼吸急促或喘息、被毛粗乱无光泽、肷窝凹陷、有眼眵、鼻盘干燥、颈部肿胀、尾部和肛门粘常被粪便等污染。

2. 动态观察

常在运输、驱赶、放出或喂饲过程中观察其精神、运动等状况。

3. 饮食观察

通常在猪群喂食、饮水时进行观察，或有意给予少量水料饲喂时观察。

3.1　健猪　饿时叫唤；饲喂时争先恐后、急奔饲槽、嘴巴伸入槽底、大口吞食而有力、节奏清脆、耳鬃震动、尾巴自由甩动、时间不长即可腹满自去；粪软尿清，颜色、气味正常。

3.2　病猪　懒得上槽、食而无力、或只吃几口即退槽或嗅闻而不吃或吃稀不吃稠；喂后肷窝仍下陷；粪便干燥或下痢、尿黄而短。

（二）牛的群体临诊检查

1. 牛静态观察

牛群在车、船、牛栏、牧场上休息时可以进行静态观察。主要观察站立和睡卧的姿态；皮肤、被毛状况；以及肛门有无污秽。

1.1　健牛　睡卧时，常呈膝卧姿势，四肢弯曲；站立平稳，神态安定；鼻镜湿润，眼无分泌物，嘴角周围干净，被毛整洁光亮，皮肤柔软平坦，肛门紧凑，周围干净；反刍正常有力，呼吸平稳，无异常声音，粪不干不稀呈层叠状，尿清；嗳气正常。

1.2　病牛　睡卧时，横卧，四肢伸开，久卧不起或起立困难；站立不稳，头颈低伸，屈背拱腰，恶寒战栗，或委顿，或疝痛；眼流泪，有黏性、脓性分泌物，鼻镜干燥、龟裂，嘴角周围流涎，被毛粗乱，皮肤局部可有肿胀；反刍迟缓或停止，呼吸增数、困难，呻吟，咳嗽；粪便或稀或干，或混有血液、黏液，血尿。肛门周围和臀部粘有粪便；没有嗳气。

2. 动态观察

2.1　健牛　精力充沛，眼亮有神，走路平稳，腰背灵活，四肢有力，耳尾灵敏，在行进牛群中不掉队。

2.2　病牛　精神沉郁或兴奋，两眼无神，曲背弓腰，四肢无力，耳尾不动，走路摇晃，跛行或离群掉队。

3. 饮食观察

3.1　健牛　争抢饲料，咀嚼有力，采食时间长；敢到大群中抢水喝，运动后饮水不咳嗽。

3.2　病牛　厌食或不食，见草料不吃，采食缓慢，咀嚼无力，采食时间短；不愿到大群中饮水，运动后饮水咳嗽。

（三）羊的群体临诊检查

1. 静态观察

1.1　健羊　常于饱食后合群卧地休息、反刍，呼吸平稳，无异常声音；被毛整洁，口和肛门周围干净；人接近时，立即站起走开。

1.2　病羊　精神委顿或兴奋，常独卧一隅，不见反刍；鼻镜干燥，呼吸促迫，咳嗽，喷鼻，磨牙，流泪，口和肛门周围粘有污秽；人接近时，不起不走。同时，应注意有无被毛脱落、痘疹、痂皮等情况。

2. 动态观察

2.1　健羊　精神活泼，走路平稳，合群不掉队。

2.2　病羊　精神沉郁或兴奋不安，步态不稳，行走摇摆、跛行，前肢跪地或后肢麻痹，离群掉队。

3. 饮食观察

3.1　健羊　饲喂、饮水时，互相争食，食后肷部臌起；放牧时，动作轻快，边走边吃草；有水时，迅速抢水喝。

3.2　病羊　食欲不振或停食；放牧吃草时，落在后面，吃吃停停，或不食呆立；不喝水，食后肷部仍下凹。

（四）禽的群体临诊检查

1. 静态观察

禽群在舍内或在运输途中休息时于笼内进行静态观察。主要观察站卧姿态、呼吸、羽毛、冠髯、天然孔等。

1.1　健禽　卧时头叠在翅内，站时一肢高收，羽毛丰满光滑，冠髯色红，两眼圆睁，头高举，常侧视，反应敏锐、机警；冠髯鲜红、发亮，口鼻洁净，呼吸正常；泄殖腔周围及腹下羽清洁干净。

1.2　病禽　精神委顿，缩颈垂翅，闭目似睡，反应迟钝或无反应，呼吸急迫或呼吸困难或间歇张口，冠髯发绀或苍白，羽毛蓬松，嗉囊虚软膨大，泄殖孔周围羽毛污秽；有时翅肢麻痹，或呈劈叉姿势，或呈其他异常姿态。

2. 动态观察

2.1　健禽　精神饱满，行动敏捷，步态稳健。

2.2　病禽　精神委顿，行动迟缓，跛行，摇晃或麻痹，常落后于群体。

3. 饮食观察

3.1　健禽　食欲旺盛，啄食连续，嗉囊饱满。

3.2　病禽　食欲不振，啄食异常，嗉囊空虚，充满气体或液体；病禽叫声异常或无力，反应迟钝或挣扎无力。

二、个体临诊检查

动物的个体检疫是指群体检疫中检出的可疑病态动物，从而后续进行的针对性个体临诊检查。目的是初步鉴定动物是否患病、是否为检疫对象。通常情况下，群体检疫无异常的也要抽检5%～20%动物进行个体检疫，若个体检疫发现患病动物时，应再抽取10%的进行再次检疫，必要时可全群复检。

（一）猪的个体临诊检查

猪的检疫主要以猪瘟、猪炭疽、猪传染性水疱病、猪口蹄疫、猪丹毒、猪肺疫、猪支原体肺炎、猪痢疾（蛇形螺旋体痢疾）、猪传染性萎缩性鼻炎、猪副伤寒、猪旋毛虫病、猪囊尾蚴病等为重点检疫对象。在实际检疫工作中，常常由于猪群数量多，群检后挑出的病态猪亦较多，再加上猪易惊不安，皮下脂肪厚不易听诊和叩诊，所以猪的个体检疫仍以精神外貌、姿态步样、体温、呼吸、可视黏膜、被毛、皮肤、肛门、排泄物等为主要检查内容。

猪的体温升高，可见于多数急性传染病以及某些普通病如肺炎、肠炎、肾炎；体温下降，可见于腹泻性传染病。

（二）牛的个体临诊检查

牛的检疫主要以口蹄疫、炭疽、牛肺疫、布鲁氏菌病、结核病、副结核病、蓝舌病、地方性白血病、牛传染性鼻气管炎、牛病毒性腹泻—黏膜病、牛肝片吸虫病、锥虫病、泰勒虫病为检疫对象。在实施牛的个体检查时，以精神外貌、姿态步样、被毛、皮肤、体温、可视黏膜、鼻镜、反刍、脉搏的变化等为主要检疫内容。其中，体温检测是牛检疫的重要项目，需要逐头进行，并注意脉搏检查和肉垂皮温。

体温升高，多见于急性传染病。口黏膜和蹄部有水疱性病变，提示口蹄疫或水疱性疫病；如果出现豆粒大小的疱疹，多见于被毛稀松部位及乳房皮肤上，呈圆形豆粒状，多见于牛瘟；鼻镜干燥，可见于发热性疾病及重度消化障碍。鼻镜发生龟裂，提示牛瘟、恶性卡他热等疫病。

（三）羊的个体临诊检查

羊的检疫主要以口蹄疫、炭疽、蓝舌病、羊痘、羊螨病为检疫对象。羊的个体检疫除姿态步态外，要对体温、被毛、皮肤、可视黏膜、分泌物和排泄物形状等进行检查。

体温升高，多见于一些急性传染病或炎症性疾病；体温降低，主要见于重度营养不良、严重贫血、重度消耗性疾病。在疾病的过程中，体温急剧下降，多表示预后不良；在尾部、四肢内侧、乳房、阴唇及包皮等处发生丘疹、水疱、脓疱或干痂等，应考虑羊痘的可能；对发生跛行的羊，要注意蹄冠、蹄踵和趾间，如有水疱，且破溃后形成糜烂，则要注意口蹄疫；若羊蹄柔软部位发红、热而痛，流出恶臭的脓汁，或出现甚至蹄匣脱落，往往是坏死杆菌病（腐蹄病）；眼结膜潮红、充血，可能是热性病或血液循环障碍；结膜苍白，多见于各种贫血或寄生虫感染；结膜发绀是缺氧的象征，多见于一些高度呼吸困难性疾病、亚硝酸盐中毒或其他疾病的垂危期；结膜黄染，多见于肝炎、胆管阻塞、溶血性疾病；如眼睑肿胀，畏光流泪，有浆液性、黏液性或脓性分泌物，主要见于结膜或角膜炎；从口、鼻等处流出血样液体，急性死亡，应考虑有无炭疽的可能。

（四）禽的个体临诊检查

禽的检疫以鸡新城疫、雏白痢、鸡马立克氏病、鸡传染性法氏囊病、禽霍乱、鸭瘟、小鹅瘟、鸡球虫病为主要检疫对象。禽类个体检疫的重点是精神状态、运动姿势、表被状态（羽毛、冠髯、鼻、眼等）、嗉囊、饮欲、食欲、粪便等。一般不做体温检测。

轻度精神抑制时，表现为精神萎靡、头颈下垂、眼睛半闭、不愿走动，对周围环境注意力减弱、轻微刺激即可清醒；重度精神抑制，则呈昏睡状态、卧地不起，只有用强刺激才能有反应，严重时处于昏迷状态，则已临近濒死期。精神兴奋表现为运动加强、向前奔冲或不断打转做圆周运动，常见于脑炎初期、鸡新城疫的后遗症等。

鸡运动失调，表现步调混乱、前后晃动、跌跌撞撞，出于保持平衡，一边行走、一边扑动翅膀，头颈和腿部震颤，提示禽脑脊髓炎；鸡的一腿伸向前，另一腿伸向后，形成劈叉或两翅下垂，是马立克氏病的特征；病鸡头、颈扭曲或翅、腿麻痹，有的平时像健鸡一样，当受到刺激惊扰或快跑时，则突然向后仰倒，全身抽搐或就地转圈，数分钟又恢复正常，是鸡新城疫的后遗症。共济失调表现为动作不协调、不准确，如虽看见饲料，但不能准确地啄食，常见于鸡新城疫、鸡脑脊髓炎等病程中。

病禽羽毛逆立蓬松、缺乏光泽、易污染、提前或延迟换毛，常见于营养不良及慢性消耗性疾病；肛门周围羽毛被粪便污染，提示腹泻；羽毛变得脆而易断，常由于外寄生虫侵袭或泛酸缺乏所致。

鸡冠和肉髯苍白，常见于球虫病、黄曲霉毒素中毒等疾病；发绀，常见于传染性法氏囊病、马立克氏病、传染性喉气管炎、鸡新城疫、禽霍乱、中毒性疾病等；黄染，常见于溶血性疾病等。

鼻液量较多常见于鸡传染性鼻炎、禽霍乱、禽流感、鸡支原体感染、鸭瘟等。鸡新城疫、传染性支气管炎、传染性喉气管炎、鸭衣原体病等过程中，也有少量的鼻液。

病鸡颜面、眼睑肿胀，下颌部或肉髯水肿，常见于传染性鼻炎等；病鸭的头颈部肿胀(俗称大头瘟)，提示鸭瘟；鸡冠、肉髯、口角、眼睑等部出现疱疹，有时也见于腿、脚、翼下及泄殖腔孔周围，是禽痘的特征。

异常呼吸音，常见于呼吸道疾病，如传染性喉气管炎、慢性支气管炎、霉菌性肺炎、鸡白喉(黏膜型鸡痘)及雏鸡感冒等。

白色糊状稀粪常见于雏鸡白痢，主要发生在1周龄以内的雏鸡；绿色水样粪便常见于鸡新城疫、禽流感、禽霍乱、鸡伤寒等急性传染病；棕红色或黑褐色稀粪常见于青年鸡感染的小肠球虫病、出血性肠炎、某些急性传染病(如鸡新城疫、鸡伤寒、鸡副伤寒、禽霍乱)等；蛋清蛋黄样粪便常见于母鸡前殖吸虫病、输卵管炎或鸡新城疫等。

项目二 动物产地检疫技术

【项目目标】

知识目标

1. 知道动物产地检疫的概念、意义、分类及要求；
2. 了解动物产地售前检疫的程序、内容、方法；
3. 了解产地检疫的出证条件、产地检疫证明的适用范围和有效期。

能力目标

1. 能够按照动物产地检疫的相关要求，进行现场实地检疫；
2. 能够正确填写检疫申报单、开具相关检疫合格证明等；
3. 能够对产地检疫后做出合理的处理，规范做好产地检疫记录。

任务一 动物产地检疫的实施程序

一、产地检疫的意义、分类和要求

(一)产地检疫概念

产地检疫指出售、运输和屠宰的动物及动物产品在离开生产、饲养地前实施的检疫，即到饲养场、饲养户或指定的地点检疫。

(二)动物产地检疫的意义

(1)能及时发现病源，并及时采取措施，消灭传染源，切断传播途径，防止病源扩散传播，是预防、控制和扑灭动物疫病的治本措施，是整个动物检疫工作的基础。

(2)可以防止疫病进入交易市场，减轻流通领域检疫时间紧、工作量大的压力，克服流通领域因要求短时间内做出确定检疫结果的困难，减少检疫漏洞，提高检疫的科学性，也减轻了对外贸易、运输和市场检疫监督的压力。

(3)通过查验免疫档案和免疫标识，可以充分调动畜主依法防疫的积极性，促进基层动物免疫接种工作，以便顺利完成对严重危害养殖业生产和人体健康的动物疫病实行计划免疫，提高动物生产、加工、经营人员的防疫检疫意识，实现防检结合、以检促防。

（三）动物产地检疫的分类

1. 出售、运输前检疫

动物、动物产品及乳用、种用动物精液、卵、胚胎、种蛋出售或运输前在饲养场、加工单位内进行的就地检疫。

2. 饲养、经营和运输前检疫

指合法捕获野生动物的检疫。

（四）动物产地检疫的要求

1. 动物的产地检疫必须由法定的人员来实施

实施动物产地检疫工作是具有强制性，具有法律、规章要求的。因此，从事动物产地检疫的人员必须是在县级以上动物防疫监督机构中任职并取得《动物检疫员证》的人员，以及根据工作需要聘用的取得《动物检疫协检员证》的人员来实施，其他人员不得从事动物产地检疫工作。

2. 检疫人员应到场入户或指定地点实施现场检疫，不得坐等出证。

要结合当地动物疫情、疫病监测情况和临诊检查，合格者方可出具检疫合格证明。

3. 产地检疫需进行临栏检疫

3.1　定期检疫　当地动物卫生监督机构应按检疫要求，定期对本地区动物特别是对饲养种畜、种禽、奶畜的单位和个人，要根据国家规定的要求进行检疫。

3.2　引进检疫　凡新引进的动物到场后，根据检疫需求，必须隔离一定时间（大中家畜 45d，其他动物 30d），经检疫确认无疫病后方可种用。

3.3　售前检疫　饲养场或饲养户的畜禽出售前，必须经当地畜牧兽医行政管理部门动物防疫监督机构或其委托单位实施检疫，并对合格者出具检疫证明。

3.4　运前检疫　动物在调运前应进行产地检疫，并对合格者出具检疫证明。

3.5　确定检疫　当发生动物疫情时，应及早确诊并上报，及时采取有效措施，不得隐瞒或随意处置。对不合格的动物及动物产品，应按规定作出处理。

二、动物检疫的内容

动物检疫实施主体是动物卫生监督机构；具体执行者是官方兽医；依据《动物检疫管理办法》第五条第二款的规定：动物卫生监督机构可以根据工作需要，指定兽医专业人员协助官方兽医实施动物检疫。

1. 疫情调查

通过咨询相关人员（如畜主、饲养员、防疫员等）和对检疫现场的实地观察，了解当地疫情及邻近地疫情动态，确定被检动物是否在非疫区或来自非疫区。即被检动物是否存在于或来自于发生传染病的村、屯以外的地区。

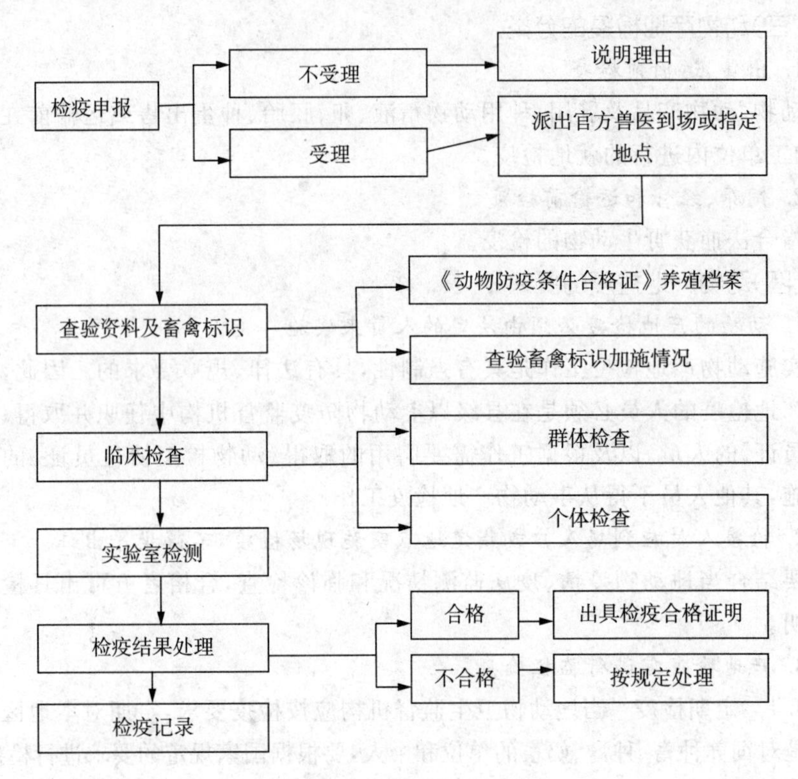

图 2-1　动物产地的流程图

2. 查验免疫证明

向有关人员索验畜禽免疫接种证明或查验动物体表是否有圆形针码免疫、检疫印章。检查畜禽养殖场或养殖户，对国家规定或地方规定必须强制免疫的疫病是否进行了免疫；动物是否处在免疫保护期内。如国家强制免疫的猪瘟、鸡新城疫等畜禽疫病；奶牛场每年 3～4 月份必须进行无毒炭疽芽孢苗的注射，且密度不得低于 95%。某些地方强制免疫的猪丹毒、猪肺疫、羊痘等疫病，如果未按规定进行免疫，或虽然免疫但已不在免疫保护期内，要以合格疫苗再次接种，出具免疫证明。

各种疫苗的免疫保护期不同，检验员必须熟悉。如猪瘟免疫弱毒冻干苗，注射后 4d 就可产生免疫力，免疫期 1.5 年；猪瘟、猪丹毒、猪肺疫三联冻干苗注射后 2～3 周产生免疫力，免疫期 6 个月；无毒炭疽芽孢苗注射后 14d 产生免疫力，免疫期为 1 年。

《动物免疫证》的适用范围：用于证明已经免疫后的动物，由实施免疫的人员填写，在免疫后发给畜主保存。有的动物体表留有免疫标志，如猪注射猪瘟疫苗后可在其耳部轧打塑料标牌,或在其左肩胛部盖有圆形印章。

3. 临床健康检查

对被检动物进行临床检查,确定动物是否健康。对即将屠宰的畜禽进行临床观察;对种用、乳用、实验动物及役用动物除临床检查外,按检疫要求进行特定项目的实验室检验,如奶牛结核病变态反应检查等。

4. 出具产地检疫证明

动物售前经检疫符合出证条件的出具检疫证明。

5. 有运载工具的进行运载工具消毒

对运载动物、动物产品的车辆、船舶等运载工具在装前、卸后进行消毒。消毒合格后,出具运载工具消毒证明。

三、动物检疫的程序

1. 申报受理

动物卫生监督机构在接到检疫申报后,根据当地相关动物疫情情况,决定是否予以受理。给予受理的,应当及时派出官方兽医到现场或指定地点实施检疫;不予受理的,应说明理由。

1.1 检疫申报 《动物防疫法》第四十二条第一款,《动物检疫管理办法》规定货主应主动申报检疫。检疫是依申请的行为,申请后才有检疫行为。

表1 动物产地检疫申报单

畜主(场名)			联系电话	
动物饲养地址				
申报检疫动物	□猪□牛□羊□鸡□鸭□其他__		申报数量	__(□头□羽□其他__)
动物用途	□屠宰□饲养□种用□乳用□参展□演出□比赛□其他__			
申报方式	□申报点填报□传真□电话	预约检疫时间		__年__月__日__时
畜主其他说明: 畜主签名(或单位盖章): 年 月 日				

1.2　申报受理

先申报，后受理。不受理一定要说明原因。如有疫情、国家规定不能调运等。

表2　动物检疫申报受理单

动物检疫申报受理单 （一式二份由动物卫生监督所填写） No.________ 处理意见： □受理：本所拟于____年____月____日____时派员到____________（地点）实施检疫。 □不受理：理由______________________________ 受理人：　　　　　　联系电话： 动物检疫专用章

1.3　下列动物、动物产品在离开产地前，货主应当按规定时限向所在地动物卫生监督机构申报检疫：

(1)出售、运输动物产品和供屠宰、继续饲养的动物，应当提前3天申报检疫；

(2)参加展览、演出和比赛的动物，应当提前15天申报检疫；

(3)向无规定动物疫病区输入相关易感动物、动物产品的，货主除按规定向输出地动物卫生监督机构申报检疫外，还应当在起运3天前向输入地省级动物卫生监督机构申报检疫；

(4)合法捕获的野生动物，应当在捕获后3天内向捕获地县级动物卫生监督机构申报检疫。

2. 查验资料及畜禽标识

2.1　官方兽医应查验饲养场(养殖小区)《动物防疫条件合格证》和养殖档案，了解生产、免疫、监测、诊疗、消毒、无害化处理等情况，确认饲养场(养殖小区)6个月内未发生相关动物疫病，确认生猪、禽只已按国家规定进行强制免疫，并在有效保护期内。

2.2　官方兽医应查验散养户防疫档案，确认生猪、反刍动物、禽只已按国家规定进行强制免疫，并在有效保护期内。

2.3　官方兽医应查验生猪、反刍动物的畜禽标识加施情况，确认其佩戴的畜禽标识与相关档案记录相符，可溯源。

3. 临诊健康检查

即通过动物静态、动态和饮食状态临诊检疫判定动物是否正常，特别是要区分病健，注意有无检疫对象。

4. 实验室检测

对怀疑患有规定疫病及临床检查发现其他异常情况的，应按相应疫病防治技术规范进行实验室检测。由省级动物卫生监督机构指定的具有资质的实验室承担，并出具检测报告。省内调运的种猪可参照《跨省调运种用、乳用动物产地检疫规程》进行实验室检测，并出具相应检测报告。

5. 产地检疫的结果判定

检疫结果是动物产地检疫的出证条件。凡出售或运输的动物符合下列条件的，其检疫结果判为合格。否则，其结果判定为不合格。(1)动物必须来自非疫区；(2)养殖档案相关记录和畜禽标识符合规定；(3)群体和个体临诊健康检查，结果合格；(4)种用、乳用、役用动物按规定的实验室检查项目检验，结果合格。

6. 检疫结果处理

6.1 经检疫合格的处理

出售或运输的动物、动物产品经所在地县级动物卫生监督机构的官方兽医检疫合格，并取得《动物检疫合格证明》后，方可离开产地。

省境内进行交易的动物，出具《动物检疫合格证明(动物 B)》，当日有效；跨省镜的动物，出具《动物检疫合格证明(动物 A)》，有效期最长不超过 5 天。

官方兽医必须在检疫证明、检疫标志上签字或者盖章，并对检疫结论负责。

6.2 经检疫不合格的处理

出具《检疫处理通知单》，并按照有关规定处理。

临床检查发现为疑似检疫对象的，扩大抽检数量并进行实验室检测；发现患有规定检疫对象以外动物疫病，影响动物健康的，应按规定采取相应防疫措施；发现不明原因死亡或怀疑为重大动物疫情的，应按照《动物防疫法》《重大动物疫情应急条例》和《动物疫情报告管理办法》的有关规定处理；病死动物、病死禽只应在动物卫生监督机构监督下，由畜主按照《病害动物和病害动物产品生物安全处理规程》(GB16548—2006)的规定处理。

表 3 动物检疫处理通知单

货(畜)主		联系电话	
通讯地址邮编			
动物或动物产品名称			
数 量			
产地或存放地			
运输工具		包装材料	

（续表）

上列动物（动物产品）经检疫不合格，根据《中华人民共和国动物防疫法》第四十八条和《动物检疫管理办法》第十八条的规定，必须按照《病害动物和病害动物产品生物安全处理规程》（GB16548—2006）的要求，作（焚毁、掩埋、化制、消毒）生物安全处理。处理费用由货主承担。 签发机关（盖检疫专用章）　　动物检疫员： 签发日期：　年　月　日　　（签名或盖章） 货（畜）主签名： 签收日期：　年　月　日 备注：1. 本通知单一式二份，一份交当事人，一份动物卫生监督所留存。 2. 动物卫生监督所联系电话： 3. 当事人联系电话：

任务二　产地检疫的出证

一、动物及其产品产地检疫出证条件

（一）符合下列条件的出具《动物产地检疫合格证明》：

（1）动物必须来自非疫区、免疫在有效期内、群体和个体临床健康检查合格。

（2）种用、乳用、出口和规模饲养场饲养的动物，除符合上述条件外，必须经动物防疫部门实施疫病监测，并达到规定要求；

（3）未达到健康标准的种用、乳用，除符合上述条件外，必须经过实验室检验合格；

（4）参展、参赛和演出的动物，符合本条第（1）项规定；

（5）合法捕获的野生动物经捕获地动物检疫机构临床健康检查和实验室检验合格。

（二）动物产品符合下列条件或者按照以下规定处理后，出具《动物产品检疫合格证明》：

（1）生皮、原毛、绒等产品的原产地无规定动物疫情，并按照有关规定进行消毒。炭疽易感动物的生皮、原毛、绒等产品，炭疽沉淀试验为阴性，或经环氧乙烷消毒；

（2）精液、胚胎、种蛋的供体达到动物健康标准；

(3)骨、角等产品的原产地应无规定动物疫情,并按有关要求进行消毒。

二、产地检疫证明的有效期

《动物产地检疫合格证明》的有效期,一般在 1～2d,必要时可适当延长,但最长不得超过 7d。《动物产品检疫合格证明》的有效期一般在 1～2d,最长不得超过 30d。有效期从签发日期当天算起。

三、动物产地检疫合格证明的格式及其填写

(一)动物产地检疫合格证明(动物)

表 4　动物检疫合格证明(动物)

编号:

<table>
<tr><td>货　主</td><td colspan="3"></td><td colspan="2">电　话</td><td></td><td rowspan="11">第
联
共
联</td></tr>
<tr><td>动物种类</td><td colspan="3"></td><td colspan="2">数量及单位</td><td></td></tr>
<tr><td>起运地点</td><td colspan="6">省　　市　　县(市、区)　　乡(镇)　　村
(养殖场、屠宰场、交易市场)</td></tr>
<tr><td>到达地点</td><td colspan="6">省　　市　　县(市、区)　　乡(镇)　　村
(养殖场、屠宰场、交易市场)</td></tr>
<tr><td>用　途</td><td></td><td>承运人</td><td></td><td>电话</td><td colspan="2"></td></tr>
<tr><td>运载方式</td><td colspan="3">□公路　□铁路　□水路　□航空</td><td>运载工具牌号</td><td colspan="2"></td></tr>
<tr><td colspan="2">运载工具消毒情况</td><td colspan="5">装运前经＿＿＿＿＿＿消毒</td></tr>
<tr><td colspan="7">本批动物经检疫合格,应于＿＿＿日内到达有效。

官方兽医签字:＿＿＿＿
签发日期:　　年　月　日

(动物卫生监督所检疫专用章)</td></tr>
<tr><td>牲畜耳标号</td><td colspan="6"></td></tr>
<tr><td>动物卫生监督检查站签章</td><td colspan="6"></td></tr>
<tr><td>备　注</td><td colspan="6"></td></tr>
</table>

注：①本证书一式两联，第一联随货同行，第二联由动物卫生监督所留存。②跨省调运动物到达目的地后，货主或承运人应在 24 小时内向输入地动物卫生监督机构报告。③牲畜耳标号只需填写后 3 位，可另附纸填写，需注明本检疫证明编号，同时加盖动物卫生监督机构检疫专用章。④动物卫生监督所联系电话。

（二）动物产地检疫合格证明（动物产品）

表 5　动物检疫合格证明（动物产品）

货主		联系电话		
产品名称		数量及单位		
生产单位名称地址				
目的地	省　　市（州）　　县（市、区）			
承运人		联系电话		
运载方式	□公路　□铁路□水路　□航空			第一联　共二联
运载工具牌号		装运前经______消毒		
本批动物产品经检疫合格，应于______日内到达有效。 官方兽医签字：______ 签发日期：　年　月　日 （动物卫生监督所检疫专用章）				
动物卫生监督检查站签章				
备注				

注：①本证书一式两联，第一联随货同行，第二联由动物卫生监督所留存。②动物卫生监督所联系电话。

二、填写产地检疫合格证注意事项

（1）动物产地检疫合格证明必须统一设计、统一格式、统一监制、统一发放。

（2）证明所列项目要逐一填写，字迹清楚，涂改无效。

（3）对具备出证条件者可出具检疫合格证明。

（4）动物产地检疫合格证明应盖统一规定的专用章和检疫员签名或加盖名章。

（5）必须是证物相符（动物产地检疫合格证明与其所证明的对象在数量、种类等方面必须互相吻合）。

任务三　动物及动物产品检疫

一、跨省调运乳用、种用动物产地检疫

(一)引种审批手续

货主应当填写《跨省引进乳用种用动物检疫审批表》,向输入地省、自治区、直辖市动物卫生监督机构申请办理审批手续。

(二)查验资料及畜禽标识

查验饲养场的《种畜禽生产经营许可证》和《动物防疫条件合格证》。查验受检动物的养殖档案,畜禽标识及相关信息。

(三)临床健康检查

内容、方法同动物产地检疫。

(四)实验室检测

对可疑病例,应按相应疫病防治技术规范进行实验室检测,如奶牛结核病、布鲁氏菌病的检查,鸡白痢的检疫等。

(五)出证条件

符合产地检疫要求;临床健康检查合格;实验室检测结果合格;精液和胚胎采集、销售、移植记录完整;调运种蛋的,还应检查其采集、消毒等记录,确认供体及其健康状况。

(六)检疫处理

如发现无有效的《种畜禽生产经营许可证》和《动物防疫条件合格证》或无有效的实验室检测报告的,检疫程序终止。

(七)种畜禽到达目的地的检疫

动物到达输入地后,应当在所在地动物卫生监督机构的监督下,在隔离场或饲养场内隔离舍进行隔离观察,观察合格的方可混群饲养,不合格的按照有关规定进行处理。其中,大中型动物隔离期为45天,小型动物隔离期为30天。

二、水产苗种产地检疫

(一)水产苗种的检疫

货主应当提前20天向所在地县级动物卫生监督机构申报检疫;水产苗种到达目的地后,货主或承运人应当在24小时内按照有关规定报告,并接受当地动物卫生监督机构的监督检查。合格并取得动物检疫合格证明后,方可离开产地;不合格的按农业部规定的技术规范处理。

水产苗种符合下列条件的，可以出具动物检疫合格证明：该苗合格；经水生动物疫病诊断实验室检验合格符合要求的；跨省、自治区、直辖市引进生产唱近期未发生相关水生动物疫情；临床检查健康。

(二)养殖、出售或运输合法捕获的野生水产苗种的检疫

货主应当在捕获野生水产苗种后两天内向所在地县级动物卫生监督机构申报检疫。经检疫合格，并取得动物检疫合格证明后，方可投放养殖场所、出售或者运输。

三、动物产品的检疫

繁育用及其他产品检疫

包括种用动物精液、卵、胚胎、种蛋、经检验合格，出具《动物产地检疫合格证明(产品A)》或《动物产地检疫合格证明(产品B)》。合格必须符合以下条件：来自非疫区；按照国家规定进行了强制免疫，并在保护期内；供体动物符合健康标准；实验室检测符合要求；供体动物养殖档案盒畜禽标识符合规定。不合格的出具《检疫处理通知单》，并监督货主按照规定技术规范处理。

动物产品检疫证明的有效期，应根据产品种类、用途、运输距离等情况确定，省内为当日有效，跨省镜的最长不超过7天。

项目三　动物及其产品屠宰检疫技术

【项目目标】

知识目标：

1. 了解动物屠宰检疫的基本概念、程序及检疫后处理；
2. 了解宰前检疫的意义、方法、程序；
3. 了解宰后检验的意义、方法、程序；
4. 掌握动物宰前检疫的技术要点；
5. 掌握动物宰后检疫的技术要点。

能力目标：

1. 能进行动物宰前检疫操作；
2. 能进行动物宰后检疫操作；
3. 能操作动物淋巴结等内脏器官的检疫；
4. 能正确开具和使用相关的检疫证、章。

任务一　宰前检疫

一、宰前检疫的含义及实施意义

所谓屠宰检疫就是对动物进行屠宰加工时的检疫。其包括宰前检疫和宰后检验两个方面的内容。宰前检疫是对待宰动物活体所进行的检疫，是屠宰检疫的重要组成部分。

通过宰前检疫能发现待宰动物中的患病动物，及时采取隔离病健，实行分宰病健，从而减少肉品污染，提高肉品卫生质量，防止疫病扩散，保护人体健康。借助宰前检疫能检出宰后检验难以检出的疫病如破伤风、狂犬病、李氏杆菌病、口蹄疫和某些中毒性疾病等。同时，通过宰前验证，促进动物产地检疫，避免无证收购、无证宰杀，纠正违反动物防疫法律法规的行为，维护动物防疫法的尊严。因此，做好宰前检疫对动物检疫工作来说意义重大。

二、宰前检疫的要求与组织

(一)宰前检疫的要求

1. 宰前必须检疫

凡是要进行动物屠宰加工的单位和个人必须按照《肉品卫生检验试行规程》的规定，对所待宰动物进行严格的宰前检疫。

2. 动物防疫监督机构须监督检查

动物防疫监督机构应对屠宰厂、肉类联合加工厂进行监督检查，监督检查过程中发现的问题，应及时向厂方或其上级主管部门提出建议或处理意见，坚决制止不符合检疫要求的动物产品出厂。对于有自检权的屠宰厂和肉类联合加工厂的检疫工作，一般可由厂方负责，但必须接受动物防疫监督机构的监督检查。其他单位、个人屠宰的动物，必须由当地动物防疫监督机构或其委托单位进行检疫，并出具检疫证明，胴体加盖验讫印章。

(二)宰前检疫的组织

宰前检疫的组织需根据宰前检疫的相关任务来进行。宰前检疫的任务一般包括两个方面：一是查验相关检疫证明。来自本县的动物要查验产地检疫证明，来自外县的动物同时还要查验运输检疫证明；二是临诊健康检查。宰前检疫要在很短的时间内，从待检群中迅速检出患病动物，这就要求检疫人员，不仅要有熟练的检疫技术，同时还必须要有严密的宰前检疫组织流程工作。宰前检疫的组织工作，一般主要由以下3步组成：

1. 预检

预检是防止患病动物混入待宰动物群的一个重要环节，应注意做好以下几个方面的工作：

1.1　验讫证件，了解疫情

首先向押运人员索取《动物产地检疫合格证明》或《出县境动物检疫合格证明》，了解产地有无疫情和途中病、死情况，并亲临车、船，仔细观察畜群，核对屠畜的种类和数量。若屠畜数目有出入、有病死现象、产地有严重疫情流行或有可疑疫情时，应将该批屠畜立即转入隔离栏圈，进行详细临诊检查和必要的实验室诊断，待疫病性质确定后，按有关规定妥善处理。

1.2　视检家畜，病健分群

经过初步视检和调查了解，认为合格的畜群允许卸下，并转入预检圈。在此过程中，要认真观察每头屠畜的外貌、运动姿势、精神状况等。如有异常，立即涂刷标记并转入隔离圈，待验收后再进行详细检查和处理。转入预检圈的屠畜,必须按产地、批次,分圈饲养,不可混杂。

1.3 逐头测温,剔出病畜

进入预检圈的牲畜,给予充足的饮水,待其休息4h后,再进行详细的临诊检查,逐头测温。经详细临检后确认为健康的牲畜,可以赶入饲养圈。而病畜或疑似病畜则转入隔离圈进行隔离处理。

1.4 个别诊断,按章处理

进入隔离圈的病畜或疑似病畜,经适当休息后,对其进行详细的临诊检查,必要时辅以实验室检查。如若确诊后,及时按有关规定处理。

2. 住检

经过预检的健康动物,可允许进入饲养圈(场)饲养2d以上。在此期间,检疫人员应随时进入畜群查圈查食,发现病畜或可疑病畜及时挑出。

3. 送检

在送宰前最后再进行一次详细的外貌检查和体温测量,以利于最大限度地检出病畜。若送检认为是合格的家畜,应签发宰前检疫合格证,然后送候宰圈等候屠宰。

三、宰前检疫的注意事项

(一)宰前休息管理

经长途运输后,动物体内的某些生理生化机能会受到一定的抑制,动物机体对疾病的抵抗力也随之下降,致使诸如细菌等病原进入血液。大量的实践证明,屠畜经长途运输后若能得到充分休息,可以显著提高其抗病能力,降低宰后肉品的带菌率,增加宰后肉品的糖原含量,促进体内过多的代谢产物排出,提高肉品质量。所以,让待宰动物得到适当的宰前休息是宰前检疫的一项必要工作。一般要求宰前休息时间不得少于48h。

(二)宰前停食管理

屠畜经过2d或2d以上的宰前休息管理,经检疫人员检查确认合格后,准予送宰。屠畜送宰前,还要实施一定时间的停食管理。按规定,牛、羊应停食24h,猪停食12－24h,鸡、鸭一般为12－24h,鹅8－16h,停食期间必须保证充足饮水,直到宰前3h。停食管理,可以节约饲料,减少胃肠内容物,便于屠宰净膛操作和内脏清洗;冲淡血液,屠畜放血充分;可促使肝糖原分解为乳糖和葡萄糖,使肌糖原得到补充,有利于肉的成熟;充足的饮水使屠畜肌肉保持足够的水分,可使剥皮加工等操作更为方便。

(三)消毒处理

在宰前管理期间,要对饲养场地及用具要进行定期消毒,确保无其他继发病原感染。

四、宰前检疫后处理

宰前检疫后，对合格动物（通过宰前检疫健康，符合卫生质量要求和商品规格的动物）均准予屠宰。对确诊的患病动物，则根据疫病的性质并结合相关要求进行以下处理：

（一）禁宰

对宰前检出十大恶性传染病的动物、患一类检疫对象的动物以及患兔黏液瘤病、野兔热、兔病毒性出血症等动物禁止屠宰，采取不放血方法扑杀后销毁尸体。其同群其他动物按疫病种类不同进行妥善处理。

1. 炭疽

在反刍兽与马属动物中发现炭疽时，同群的动物立即全部测温，体温正常的急宰；不正常的予以隔离，并注射有效药物观察 3d，待无高和临床症状时方可屠宰；如不能注射有效药物，必须隔离观察 14d，待无高热和临床症状时方可屠宰。

在猪群中发现炭疽时，同群的猪应立即全部进行测温，体温正常的应在指定地点屠宰，认真检验；不正常者予以隔离观察，确诊为非炭疽时方可屠宰。

凡经炭疽芽孢苗预防注射的动物，经过 14d 方可屠宰。曾用于制造炭疽血清的动物，不准作为肉用。

2. 恶性水肿和气肿疽

同群动物经体温检测，正常的急宰；不正常的须隔离观察，待确诊为非恶性水肿或气肿疽时方可屠宰。

3. 牛瘟

同群牛予以隔离，并注射牛瘟血清观察 7d；不能注射血清时应观察 14d，待无疫点和临床症状的方可屠宰。

4. 狂犬病

被患狂犬病或疑似狂犬病动物咬伤的，若咬伤时间未超过 8d 且未发现狂犬病症状的动物准予屠宰，其肉尸、内脏需经高温处理后才可以供食用；若咬伤时间超过 8d 的，则必须按狂犬病处理。

（二）急宰

（1）经确诊为布氏杆菌病、结核病、肠道传染病、乳腺炎和其他非传染病的患病动物，均应急宰。如无急宰间，应在指定地点或等宰完健康动物、运出所有产品后，在屠宰间进行急宰。宰后的一切用具、场地及工作服等均应彻底消毒。

（2）经确诊为巴氏杆菌病、假性结核病、坏死杆菌病、球虫病的患病动物应急宰。

（3）经确诊为鸡马立克氏病、鸡白血病、鸡痘、鸡传染性喉气管炎、鹦鹉热、禽霍乱、禽伤寒、禽副伤寒等疫病的家禽，应急宰。

需要注意的是对于如果是因为病死(患传染病或一般性疾病)、毒死或其他不明原因死亡的动物,不得屠宰。

五、宰前检疫合格证明的开写

1. 宰前检疫合格证明的基本格式(见表1,以生猪为例)

表1　____市____区生猪定点屠宰场宰前检疫记录表

企业名称:__________有限公司

年		货主	生猪产地	生猪入场检查					待宰圈号	待宰圈观察时间				宰前检疫结果评定		检疫员签名
月	日			入场时间	生猪数量	产地检疫合格证号	证物相符情况	健康状况		检疫时间1健康状况	检疫时间2健康状况	检疫时间3健康状况	检疫时间4健康状况	是否符合屠宰要求	是否准宰	

注:1. 证物相符情况:是打"√",否打"×";2. 健康状况:正常打"√",异常打"×";3. 准宰(屠宰)情况:是打"√",否打"×"。

2. 宰前检疫合格证明开写要求

(1)如实填写生产企业名称。

(2)动物种类填写被检疫动物的名称,如猪、牛、羊、犬、马、鸡、鸭、鸭、兔等。

(3)单位猪、牛单位填写“头”,马、骡、驴单位填写“匹",羊、犬、兔及禽类单位填写“只”。

(4)数量即被检疫动物的数量。

任务二　宰后检验

一、宰后检验概述

(一)概念

宰后检验是指动物在放血解体的情况下,直接检查肉尸、内脏,根据其病理变化和异常现象所进行的一种综合判断,进而得出检验结论。

宰后检验包括对传染性疾病和寄生虫以外疾病的检查,对有害腺体摘除情况的检查,对屠宰加工质量的检查,对注水或注入其他物质的检查,对有害物质的检查以及检查是否是种公、母畜或晚阉畜肉。

(二)意义

由于动物宰后肉尸、内脏等可以充分暴露,检疫人员能直观、快捷而准确地发现肉尸和内脏的病理变化,因而可以检出宰前检疫难以发现或容易漏检的病畜,如处于潜伏期、早期病变、临床症状不明显的病畜。从而能很好地弥补宰前检疫的不足,最终检出并无害化处理对人畜有害或能致病的肉及肉产品,保证肉品卫生安全,同时还能防止疫病的传播和人畜共患病的发生。因此,宰后检疫是宰前检疫的继续和补充,它对于保证肉品卫生质量,保证食肉者安全,防止疫病扩散,具有重要的意义。

(三)宰后检疫工具

1. 检疫工具

检疫刀:切割检疫肌肉、内脏、淋巴结。

检疫钩:钩住胴体、肉类和内脏相关部位。

铿棒:磨刀专用。

在具体检疫过程中,要求动物检疫人员要随身携带两套检疫工具。

2. 检疫工具的使用

对切开的部位和限度有一定要求,用刀时要用刀刃平稳滑动切开组织,不能用拉锯式的动作,以免造成切面模糊,影响观察。为保持检疫刀的平衡用力,拿刀时应把大拇指压在刀背上。使用时要注意安全,不要伤及自己及周围人员,万一碰伤手指等,要立即消毒包扎。

3. 检疫工具的消毒

接触过患病动物的胴体和内脏的检疫工具：应立即放入消毒药液中浸泡消毒30～40min，换用另一套工具进行下一头肉尸的检疫。消毒后用清水冲去消毒药液，擦干后备用。

检疫后的工具：要消毒、洗净、擦干，以免生锈。

消毒注意：不可用水煮沸、火焰、蒸汽、高温干燥消毒，以免造成刀、钩柄松动、脱落和影响刀刃的锋利。

(四)检验要求

(1)检疫人员必须具有检疫员资格，并在省卫生监督部门有备案；

(2)检疫须按照省级动物卫生监督部门统一规定的检疫程序、术式来实施；

(3)必要时辅以实验室诊断；

(4)发现重大疫情要及时上报，并按有关规定处理。

二、宰后检验的基本方法与要求

(一)基本方法

宰后检验主要是借助感官检验对胴体和脏器的病变情况进行综合的判断和处理，必要时可辅之细菌学、血清学、病理组织学等实验室检验。

1. 感官检验

检疫人员主要通过视检、剖检、触检和嗅检等方式来大体判断胴体、肉尸和内脏的好坏以及屠宰动物所患的疫病范围。具体方法如下：

1.1　视检

即通过视觉器官直接观察胴体皮肤、肌肉、脂肪、胸腹膜、骨骼、关节、天然孔及各种脏器浅表暴露在外的色泽、形态大小、组织状态等，判断其有无病理变化或异常，为下一步的剖检提供检查的方向。如发现动物上下颌骨呈膨大状(特别是牛、羊)，要注意检查放线菌病；如咽喉和颈部有肿胀的，则要注意检查炭疽和巴氏杆菌病；如皮肤、黏膜、脂肪等发黄的则注意有无黄疸的可能。

1.2　剖检

即是用检疫刀切开肉尸或脏器的隐蔽部分或深层组织，并观察其是否有病理变化。这对淋巴结、肌肉、脂肪、脏器等部位的检查是非常必要的，尤其是对淋巴结的剖检。

1.3　触检

即通过触摸受检组织和器官，感觉其弹性、硬度及深部有无隐蔽或潜在性的变化。这对发现深部组织或器官内的硬结性病灶具有重要意义。例如，在肺叶内的病灶只有通过触摸才能发现。触检可减少剖检的盲目性,提高剖检的效率。

1.4 嗅检

即用鼻嗅闻被检胴体及组织器官有无异常气味,借以来判断肉品质量和食用价值,为实验室检验提供一定的指导。特别是对一些无明显病变的疾病或因某些原因当肉品开始腐败时,这时依靠嗅觉判断往往能事半功倍。如动物生前若患有尿毒症,宰后肉中带有尿臊味;若发生过药物用量过度时,宰后肉中则带有残留的药味;若是腐败变质的肉,则会散发出腐臭味等。

2. 实验室检验

在感官检验中若对某些疫病发生怀疑时,比如对于已腐败变质的肉品,要判断其是否还有利用价值,这时可借助实验室检验作辅助性检验,最后做出有价值的综合性判断。

2.1 病原检验

采取病变器官、血液、组织直接涂片镜检,必要时再通过细菌分离、培养、动物接种以及生化反应等方式来加以判定。

2.2 理化检验

在病原检验的基础上,再结合理化检验,以进一步判断肉品的腐败程度。使用的方法有氨反应、联苯胺反应、硫化氢试验、球蛋白沉淀试验、pH 的测定等。

2.3 血清学检验

针对某些特殊的疫病,可采取沉淀反应、补体结合反应、凝集试验和血液检查等方法,来鉴定疫病的性质。

(二)宰后检验的要求

(1)检验要迅速、准确、细致,不能遗漏必检部位,按顺序、程序检验;

(2)做到严格的剖检定位,深浅适度;

(3)操作时要沿着肌纤维方向下刀,保证肉尸的完整性,降低污染;

(4)带皮肉剖检淋巴结时尽量在解剖面下刀;

(5)病变的内脏和组织切检时防止病料污染产品、工具和手;

(6)严格遵照相关检疫规程,做好个人防护。

三、宰后检验程序与操作要点

(一)猪的宰后检验

1. 检验程序

宰后检验的基本程序由编号、头部检疫、皮肤检疫、内脏检疫、胴体检疫、旋毛虫检疫、肉孢子虫检疫和复验盖印等部分组成。

2. 操作要点

2.1 编号

宰后检验前，首先要将分割开的胴体、内脏、头蹄和皮张等编上同一号码，以便有问题时可以查对。编号时可用红色或蓝色铅笔在皮上写号，或贴上有号的纸放在该胴体的前面，以便对照检查。有条件的屠宰场可设定两个架空轨道，进行胴体和内脏的同步检验。

2.2 头部检疫

(1)头部检疫以咽炭疽和囊尾蚴为主，同时观察头、鼻、眼、唇、龈、咽喉、扁桃体等有无病变。一般在放血后5min开始检疫。

(2)沿刺刀的刀口切开两侧下颌淋巴结进行检疫，观察淋巴结是否肿大，切面是否呈砖红色，有无坏死灶(紫、黑、灰)。检视周围有无水肿、胶样浸润。

(3)扁桃体及颈部淋巴结检疫，可以看到局部呈出血性炎、溃疡、坏死，其切面有楔形的、由灰红到砖红的小病灶，其中有针尖大小坏死点。

(4)囊尾蚴检疫主要检两侧咬肌有无灰白色米粒大小半透明的囊尾蚴包囊和其他病变。

(5)观察耳、鼻、眼、唇、龈、咽喉、扁桃体等有无猪瘟、口蹄疫、传染性萎缩性鼻炎等可疑病变。

2.3 皮肤检疫

(1)带皮猪在烫毛后开膛之前编号同时进行检疫，剥皮猪则在头部检疫后洗猪体时初检，然后待皮张剥除后复检，可结合脂肪表面的病变进行鉴别诊断。

(2)检查皮肤完整性和色泽，注意有无充血、出血、淤血、疹块、水疱、溃疡等病变。如弥漫性充血(败血型猪丹毒)，皮肤点状出血(猪瘟)，四肢、耳、腹部呈云斑状出血(猪巴氏杆菌病)，皮肤黄染(黄疸)，皮肤疹块(疹块型猪丹毒)，痘疹(猪痘)，坏死性皮炎(花疮)，皮脂腺—毛囊炎(点状疮)。

(3)若有疑似病猪应及时剔出，保留猪体及内脏，以便后续检疫程序再做最后整体判断。

2.4 内脏检疫

主要检查心、肝、脾、肺、肾、胃、肠等部位，有离体和非离体两种情况。

(1)肠

在开膛剖腹后，即检查肠系膜淋巴结，必须全部切开检疫(其长度不少于20cm)，观察有无肿大、出血、坏死，以检疫肠炭疽。对大小肠逐条检疫，一般可见充血、出血、溃疡等病变：如患猪瘟则大肠回盲瓣附近有纽扣状溃疡；患猪副伤寒病的在大肠黏膜上有弥漫性、灰黄色、糠麸状坏死性病变(纤维素性坏死性肠炎)和溃疡。

(2)脾

观察脾脏有无肿胀或结节,触摸弹性变化,必要时可切开检查,特别要注意的是脾型炭疽痈呈结节状黑紫病变。

(4)心

正常心脏呈淡粉红色或浅棕红色,质地坚实而有弹性。检查心包、心包液及性状、心外膜有无异常、有无寄生虫(囊虫、浆膜丝虫);心的大小、色泽、硬度,有无变性及出血点,并注意观察心冠状沟、纵沟和心耳的变化。例如患猪瘟的心脏可见到严重出血。必要时根据血流方向切开检查,如正常猪心脏房室中的血液呈凝固状态,而炭疽病猪则凝固不良;慢性猪丹毒在二尖瓣或主动脉瓣有菜花状赘生物。

(5)肝

先观察肝的形状、大小、色泽,检查其弹性,并剖检肝门淋巴结,必要时应将肝脏切开检查。剖检胆管和胆囊,检查有无寄生虫。如肝片吸虫、华支睾吸虫寄生胆管时,切开胆管时有虫体溢出;蛔虫异位寄生大胆管(肝管)时可引起阻塞性黄疸;老龄公、母猪的肝、胆肿瘤检出率高;猪瘟病猪的胆囊黏膜出血;败血型猪丹毒的肝肿胀郁血,胆囊黏膜可见炎性充血、水肿;急性热性传染病、重症寄生虫病、中毒等都能引起肝肿大、出血、淤血、变性、硬化、萎缩、结节、脓肿等。

(6)肺

正常肺可分为尖叶、心叶、膈叶、副叶及钝缘、锐缘等部分,色泽粉红,质软似海绵状而富有弹性。检疫时,可先用清水冲洗后再检查其形状、大小、色泽,有无水肿、气肿、充血、出血、化脓、纤维素性渗出物、粘连等病变。然后用手触检其弹性、质地有无变化。如发现小结节硬块时,再用刀剖开肺的实质,检查切面与膈面。依次剖检支气管淋巴结和纵隔淋巴结。根据病变性质分别作市销、局部修割、化制或销毁处理。

结核病时可见淋巴结和肺实质中有小结节、化脓、干酪化等病变;猪肺疫以纤维素胸膜肺炎(肝样变)为特征;肺丝虫病以突出表面白色小叶性气肿灶为特征;猪丹毒以卡他性肺炎和充血、水肿为特征;猪气喘病以对称性的融合性支气管肺炎的“肉变”为特征。此外,猪肺还常见肺吸虫、肾虫、囊虫、细颈囊尾蚴、棘球蚴等。

(7)肾

一般附在胴体上检疫。先剥离肾包膜,用检疫钩钩住肾盂部,再用刀沿肾脏中间纵向轻轻一划,然后刀外倾以刀背将肾包膜挑开,用钩一拉肾脏即可外露。观察肾的形状、大小、弹性、色泽及病变。必要时再沿肾脏边缘纵向切开,对皮质、髓质、肾盂进行观察。摘除肾上腺。

猪瘟病猪的肾贫血,有针尖大的暗红色出血点;猪巴氏杆菌病病猪的肾瘀血、肿大;猪丹毒病猪的肾瘀血肿大,暗红色,有均匀分布的小红点;猪肾虫在肾门附近形成较大的结缔组织包囊,切开可发现成虫;此外,肾常有囊肿,里面积有无色液体。

2.5 胴体检疫

(1)外表检疫

观察皮肤、皮下组织、肌肉、脂肪、胸膜、腹膜、关节等有无异常,判断放血程度,推测被检动物生前的健康状况。若放血不良则肌肉颜色发暗,切面可见暗红色区域,挤压有少量血滴流出。根据放血不良程度,可判断该肉尸是来自疫病还是宰前过于疲劳等原因引起。

当患有猪瘟、猪肺疫、猪丹毒时,在皮肤上常有特殊的出血点或淤斑。

视检脂肪和肌肉颜色可判断黄疸肉、黄膘肉、红膘肉、消瘦肉、白肌肉等。

(2)淋巴结检疫

主要剖检腹股沟浅淋巴结、腹股沟深淋巴结,必要时再剖检股前淋巴结、肩前淋巴结、腘淋巴结。通过观察淋巴结的病理变化,可判断动物疫病的性质。剖检淋巴结时术式应以纵向切开为主。

(3)腰肌检疫

两侧腰肌是囊尾蚴、旋毛虫常寄生的部位。剖检时用刀沿脊椎的下缘顺肌纤维割开 2/3 的长度,然后再在腰肌的剖开面内,向深部纵切 2～3 刀,用钩向外侧拉开腰肌使之呈扇面状态,注意观察是否有囊尾蚴的包囊等。若被检猪是来自囊尾蚴病地区的,除切开咬肌、深腰肌外,还应切开膈肌、心肌、肩胛外侧肌、股部内侧肌等进行检疫。

2.6 旋毛虫检疫

左右两侧膈肌脚各取肉样一份,每份 30～50g,编上与胴体同一号码,然后送实验室镜检。先撕去肌膜,迎着光线,将肉样拉紧左右摆动,仔细观察肌肉纤维的表面,有时可见到针尖大小发亮的膨胀物,即旋毛虫的包囊,有时也可见到灰白色小点,即钙化的旋毛虫。肉眼观察后,在肉样的可疑处或随意在肉样表面顺着肌纤维剪取 24 个米粒大小的小肉粒,用两块玻璃片将小肉粒压展开,使肉片薄到能看清书报上的字,放在 50 倍显微镜下检查。同时可检查是否存在住肉孢子虫。

(二)牛、羊的宰后检验

1. 检验程序

牛、羊宰后检疫一般分为头部检疫、内脏检疫、肉尸检疫。检疫员须按一定程序检疫,督促屠宰车间对宰后的胴体、内脏、头、蹄等编记同一号码,以便查对,被检胴体的肌肉应顺纤维切开,非必要不得横断肌肉,检疫中被病料及被传染病污染的刀具,应及时消毒,对高温处理的肉品和正常肉品分开盛放。检疫工作完毕，一切刀具均清洗消毒，以备隔日使用。

2. 操作要点

2.1 头部检疫

(1)观察唇、齿龈和舌面(有无水疱、溃疡，有无口蹄疫)。

(2)触摸舌体，如在口腔或舌面上沾有食料、草类，此时应用刀背刮除掉。同时观察上下颌骨的状态(有无放线菌病)。

(3)顺舌骨支纵向剖开贴在舌骨内侧的两个咽后淋巴结和下颌、腮淋巴结，观察咽喉黏膜和扁桃体(有无结核病灶)。

(4)沿舌系带面纵向剖开舌肌和两侧内外咬肌(有无囊尾蚴，水牛则注意有无住肉孢子虫)。

(5)山羊头部刮毛后看有无皮肤病(如山羊蠕形螨等寄生虫的坏死结节)，最后割除甲状腺。

2.2 内脏检疫

依照内脏摘出程序及各屠宰厂的工艺流程设置安排，并根据实际情况进行。

(1)脾

牛、羊开膛后，首先注意脾的形状、大小、色泽和质地，必要时切开，检视脾髓。羊患炭疽病时，脾急性肿大，被膜紧张，触之即破，质地酥软，脾髓呈焦黑色，脾髓流出的血暗红似煤焦油，不凝固。

发现脾异常肿大时，应立刻停止宰杀加工；同时送样进行化验，作细菌学检查；宰杀员、检疫员不得任意走动；经细菌学检查为阴性者，则恢复宰杀加工，阳性者，即按炭疽处理。

(2)胃肠

剖开胸腹腔时，先观察胸腹腔有无异常，然后再观察胃肠的外形，浆膜有无充血、出血、异常增生的肿块。再剖检肠系膜淋巴结看有无结核病灶。患白血病后期牛的真胃壁均显著增厚。

(3)心

先观察心包是否正常，随后剖开心包膜注意心包液性状、数量，心肌有无出血、寄生虫坏死结节或囊虫寄生。牛心多见异物创伤所致的纤维素性化脓性心包炎、网胃炎；水牛心的冠状沟、心耳处多见营养不良所致的水肿。

沿动脉弓切开心，检查房室瓣及心内膜、心实质，观察有无出血、炎症、赘生物等。剖开主动脉，看主动脉管壁有无粥样硬化症。在剖检心室时，注意血液的色泽与凝固程度(牛心血一般色淡，稀薄，凝固程度低)。羊心的检查同牛。

(4)肺

观察外表有无充血、出血、水肿、气肿等病变。用手触摸肺实质，必要时切开肺及气管检查。切开支气管淋巴结、纵隔淋巴结,检查有无结核病灶。牛的结核病、传染性胸膜肺炎、出血性败血症,均于肺上呈现特有的病变。水牛同时要检查食道,常有大量的住肉孢子虫寄生于食道的浆膜下。羊肺的检查同牛。

(5)肝

观察肝脏的形状、大小、色泽有无异常。用手触摸其弹性,剖检肝门淋巴结,切开胆管纵支及肝实质。牛、羊的肝常有某些寄生虫的坏死结节,有时寄生肝片吸虫,严重时引起肝硬化。切开肝门静脉检查有无血吸虫寄生。肝的主要病变有颗粒变性、脂肪变性、硬化、坏死和肿瘤等。

(6)乳房

乳房检查着重于奶牛。切开乳房淋巴结,视其有无结核病灶。剖开乳房实质,检查乳腺有无增粗变硬等异常现象,乳房常见病主要为结核病、急慢性乳腺炎。

(7)子宫、膀胱

根据实际情况可与胃肠一起检查,观察宫体外形,视浆膜有无充血现象。剖开子宫,看宫腔内膜壁子叶有无出血及恶露等物(一般产后不久的母牛有此现象)。剖检卵巢黄体、膀胱黏膜,视有无充血、出血等病变。

2.3 肉尸检疫

(1)检查外形,观察脂肪、肌肉、胸腹膜、盆腔等有无异常;

(2)确定放血程度,如放血不良的胴体会直接影响肉品的质量和耐存性;

(3)胴体检查主要剖检颈浅(肩前)淋巴结、股前淋巴结、腹股沟淋巴结、髂内淋巴结和所有病变组织。剖检这些淋巴结时应细致小心,以观察淋巴结的全貌,否则形态微小的结核病灶容易疏漏;

(4)当发现淋巴结有病变可疑时,或在头部、内脏发现有可疑传染病或疫病全身化时,除对同号胴体进行详细检查外,还须酌情增检某些淋巴结,如颈深淋巴结、腹股沟浅淋巴结、腘淋巴结、腰淋巴结等;

(5)修割所有病损组织和游离部分,因为这些部分往往是胴体在保藏期中发生腐败的主要根源;

(6)羊的胴体淋巴结检查主要以视检为主,如有肿大、水肿等可疑时才剖检其实质。山羊胴体检查注意皮肤的寄生虫结节;

(7)牛、羊的肾连在胴体上,因此,在检查胴体时,用刀沿着肾边缘轻轻一割,随后用手指钩住肾,轻巧向外一拉,使肾翻露被膜。看其大小、色泽、表面有无病理变化。必要时剖检肾盂。检查好肾后,割除肾上腺。肾主要的病变有充血、出血、萎缩、肾盂积液、间质性肾炎。

(8)复验

为防止初检的偏差,提高肉品的安全性,再进行一次胴体复检,如发现偏差及时予以纠正,最后在左右臀部各盖一相应的验讫印戳。

根据屠畜的种类、来源及产地疫病流行等情况，注意突出重点检疫内容。如某些地区的水牛住肉孢子虫病发病率较高，就要剖检食道肌、舌肌、两侧咬肌、四肢肌肉；云南、贵州地区的黄牛患结核病阳性率较高，就要对呼吸系统的淋巴结仔细剖检；囊虫病高发区来的牛只，就应根据囊虫所寄生的部位及组织做出严格的检疫。

(三)家禽的宰后检验

1. 肉尸检疫

(1)观察体表皮肤色泽与血管的充血程度，以判定禽体本身是否有病，放血是否良好；

(2)观察体表的完整度和清洁度，从而判定在加工过程的精细程度和卫生状况；

(3)应特别注意观察禽尸的头部、关节及口腔、眼、鼻、泄殖腔等状况，如有病变者，须剔出进行剖检；

(4)检查体表及体腔内侧，有无肿瘤、畸形、创伤、寄生虫病与传染病的病变。

2. 腹腔检疫

利用特制扩张器由肛门插入腹腔内，用电筒照射腹腔内部，检查腹膜有无病变和血、粪及胆汁污染等。

3. 内脏检疫

(1)心

观察心包有无炎症，心肌、冠状沟脂肪部有无出血点、出血斑等病变，必要时可剖开心腔仔细检查。

(2)肝

在观察肝外表色泽、大小、形状的同时应检查边缘是否肿胀，特别注意有无灰白或淡黄色点状坏死灶和胆囊是否完整，有无病变。

(3)脾

观察脾有无充血、肿大，色泽深浅程度，有无肿瘤、结节等。

(4)肠

观察整个肠浆膜面有无变化，十二指肠和盲肠有无充血、出血斑点和溃疡，必要时剖开肠腔进行检查。

(5)卵巢

观察卵泡是否完整，有无变形、变色、变质等，特别注意大小不等的结节病灶。

(6)胃

剖检腺胃和肌胃，必要时剥去肌胃角质层，观察有无充血、出血和溃疡等变化。全净膛的禽尸，内脏全部自体腔取出后，可按上述顺序检查。半净膛的禽尸，只可用扩张器检查部分内脏，如发现病变或可疑病变，须将禽尸剔出。

四、宰后检验结果登记

宰后检验必须准确统计被检屠畜的数量，并将检验中发现的各种传染病、寄生虫病和病变进行详细登记。登记的项目包括：胴体编号、屠畜种类、产地名称、畜主姓名、疫病名称、病变组织器官及病理变化、检疫人员结论和处理意见等。

五、宰后检验结果处理

1. 合格肉尸

经检验合格的，在肉尸上加盖检疫合格验讫印章，印色必须使用食用级色素配制，内脏等动物产品加封检疫标志。由动物防疫监督机构出具动物产品检疫合格证明。

2. 不合格肉尸

填写《检疫处理通知单》给屠宰场业主，并监督其按照《病害动物和病害动物产品生物安全处理规程》的要求作无害化处理或销毁。

任务三 宰后淋巴结检验

一、淋巴系统概述

动物体内淋巴系统主要由两个部分组成：一是以管道形式存在的淋巴管部分，最后开口于静脉，能使组织液回流进入血液；二是淋巴器官部分，主要有胸腺、脾、扁桃体、淋巴结、血淋巴结以及腔上囊（禽类）等。

（一）淋巴与淋巴管

1. 淋巴

即是指流动在淋巴管内的液体。流经毛细血管动脉端的血液中的部分液体物质可透过毛细血管进入到组织间隙，成为组织液。组织液与细胞间通过物质交换，大部分通过毛细血管静脉端吸收又重新进入血液，小部分则进入毛细淋巴管变成淋巴液。

2. 淋巴管

能将淋巴输送进入静脉的管道。淋巴管在注入静脉的时候，一般至少要先通过一个淋巴结的过渡。淋巴管一般包括毛细淋巴管、淋巴管、淋巴干、淋巴导管。

淋巴管起始于毛细淋巴管、结束于组织间隙，各管道彼此吻合形成网状，动物的全身都有分布，且其通透性一般较大，以利于物质交换。

(二)淋巴器官

淋巴器官是动物体内构成淋巴组织的一类实质性器官，是机体内主要的免疫器官。按功能不同可分为中枢免疫器官和外周免疫器官，其中中枢免疫器官包括胸腺、腔上囊(禽类)；外周免疫器官包括淋巴结、脾、扁桃体和血淋巴结等。

二、宰后淋巴结检验的意义

1. 为疾病诊断提供客观依据

淋巴系统是机体的排污系统，能通过滤过、消毒、吞噬等作用处理机体的代谢产物、悬浮异物以及某些病原物质，并由此表现出一些相应的病理形态变化，从而为检验者提供了诊断疾病的客观依据。

2. 具有免疫和防御的机能

2.1 细胞免疫反应

借助T细胞、巨噬细胞可以直接破坏或抑制细菌、病毒、寄生虫等一些异源性物质；另外，T淋巴细胞在抗原的刺激下可大量增殖，进而使副皮质区出现显著的增大。

2.2 体液免疫反应

在抗原刺激下，B淋巴细胞转化成能产生抗体的浆细胞，抗体可以与抗原作用，发生体液免疫反应，中和、溶解破坏抗原，从而实现机体对病原物质的抵抗作用。

3. 体现机体的病理变化

淋巴结通过细胞免疫反应和体液免疫反应能体现出病原体侵入机体的途径、程度以及性质等方面内容，对机体而言会在一定部位呈现出一定的病理变化。

3.1 途径

淋巴循环过程中，各器官或组织的淋巴液通过淋巴管以邻近的局部淋巴结作为汇集点，当机体某器官或组织发生病变时，细菌、病毒等就可随着淋巴液顺着淋巴管聚焦到相应部位的淋巴结而表现出一定的病理变化，借助该病理变化就可判断出病原感染的门户所在。

3.2 程度

淋巴结在阻截病原体的过程中，遵循由外而内、由浅及深的原则。当外周淋巴结或感染部位淋巴结阻截无效时，则后位淋巴结或深在淋巴结相继进行阻截而表现出相应病变。病变出现的越深，也就说明病原体沿淋巴循环向后蔓延的越深，病变在向深度发展。

3.3　性质

淋巴结在阻截病原体的过程中，会表现出相应的病理变化，但不同的致病因子所引起的病理变化有所不同。

因此，在肉检中，通过检验淋巴系统特别是淋巴结能准确、迅速地反映出屠体的生理或病理状况，从而为宰后检验判断屠体质量提供一个重要依据。

三、淋巴结常见的病理变化

淋巴结是构成淋巴系统的一个重要组成部分，其主要功能就是能将淋巴和血液内的各种有害物质及微生物阻留于淋巴管道、淋巴窦内的网状内皮细胞内；器官中的局部淋巴结还能将淋巴中的有害、有毒物质过滤清除。在有害、有毒物质刺激下，淋巴结发生特异性反应，表现出肿大、出血、充血、化脓、结节以及各种炎症等。而且刺激因子不同，淋巴结表现出来的病理变化也会有所不同。因此，对机体某些部位的淋巴结剖检，可用于初步判断疫病的性质。

由于屠宰放血，淋巴结多呈灰白色或灰黄色，形状多呈豆形，大小因动物种类不同而有所差异。一般来说，牛的淋巴结较大，猪次之，马属动物及羊的较小。另外，同一动物不同部位的淋巴结亦有大小差别。鸡、兔淋巴结数量少、小，故宰后不剖检淋巴结。

（一）需剖检的常见淋巴结

头部：颌下淋巴结、咽后内侧淋巴结、咽后外侧淋巴结、耳下腺淋巴结；

体躯：颈浅淋巴结（肩前淋巴结）、颈深淋巴结、股前淋巴结（膝上淋巴结）、腹股沟浅淋巴结、腹股沟深淋巴结、髂内淋巴结、腘淋巴结；

内脏：肠系膜淋巴结、胃淋巴结、支气管淋巴结（肺淋巴结）、肝淋巴结（肝门淋巴结）、纵隔淋巴结。

（二）淋巴结的异常变化

淋巴结的异常变化一般情况下主要是关于淋巴结处脂肪沉着和炭末沉着。脂肪沉着主要见于过于肥大和长期饲喂含脂肪过多的饲料的猪，肠系膜淋巴结呈黄白色，触摸时有滑腻感，切开切面发黄；炭末沉着主要见于工业区和矿区的猪，肺门淋巴结外观和切面变黑。

（三）淋巴结的常见病变

(1)充血：淋巴结呈轻度肿胀、发红，切面潮红，按压有血液流出，常见于炎症初期。如急性猪丹毒。

(2)水肿：淋巴结肿大，富有光泽、切面苍白，质地松软，隆凸，按压流出多量透明的淋巴液。常见于炎症初期和多种慢性消耗性疾病后期；另外，如瘀血、外伤、长途急赶等也较易出现。

(3)浆液性炎：淋巴结显著肿大、变软，切面红润或有出血，按压时有多量黄色或淡红色混浊液体流出，常见于急性传染病，感染创等。

(4)出血性炎：淋巴结肿大，有光泽，呈深红色至黑红色外观，切面稍隆起，呈现深红色至黑红色或与灰白色相间的大理样花纹。常见于败血症及传染病的败血过程。

(5)化脓性淋巴结炎：淋巴结柔软，表面或切面有大小不等黄白色化脓灶，按压时流出脓汁，有时整个淋巴结形成一个脓包。常见于化脓菌传染病和化脓创。如马链球菌感染、棒状杆菌感染等。

(6)急性增生性炎：淋巴结肿大、松软，切面隆凸多汁，呈灰白色混浊颗粒状，有淋巴结“髓样变”之称，实质常见黄白色小坏死点，常见于弓形虫、副伤寒及其他急性感染。

(7)慢性增生性炎：淋巴结因结缔组织增生而显著肿大、质地坚实、切面灰白、湿润而富有光泽、呈脂肪样，当病变扩展到淋巴结周围时，淋巴结往往与周围组织粘连。动物发生鼻疽和布病时，淋巴结即呈现特殊的肉芽组织增生。

(8)肿瘤：淋巴结肿大，其结构被肿瘤细胞所代替，以黑色素瘤最为多见。

(9)寄生虫性淋巴结炎：动物感染寄生虫时，淋巴结出现病理变化。感染锥虫和梨形虫时，淋巴结肿大，网状内皮细胞和浆细胞增生；感染弓形虫时，网状内皮细胞大量增生；马感染某些原虫时，淋巴结化脓、干酪化和钙化。

(10)色素沉着：常见有黑色素沉着，牛羊感染肝片吸虫时，常见淋巴结有褐色乃至黑色的蠕虫色素沉着；犬感染肺丝虫时，纵膈淋巴结常有炭末样物质沉着。

四、宰后淋巴结检验选择原则

动物体内的淋巴结数目众多，如猪有190多个、牛羊有300多个、而马则多达8000多个。检验时要有侧重，所以宰后检验时对淋巴结的选择要做到有的放矢。选择的基本原则是：

(1)众多淋巴汇集的淋巴结；

(2)易于剖检的浅表淋巴结；

(3)根据淋巴流向和输入、输出淋巴管的主要走向，重点选择区域代表性高的淋巴结。

任务四　组织和器官病理变化的处理

一、局限性与全身性组织病理变化

(一)出血

1. 定义

出血是指血液从血管或心脏外流出到组织间隙、体腔或体表。

根据发生的原因可将出血划分为以下几种：

1.1　病理性出血

动物因感染某些传染病和发生中毒时，皮肤、黏膜、浆膜等处常表现出渗出性出血。当胴体或器官发生出血时，这时可根据其出血的颜色和性质来判定其发生的时间和程度，并结合水肿、炎症、坏死、化脓及其他病理变化，特别是局部淋巴结的检验以及其他部位的检查结果，最后可以综合判定疾病的种类和性质。

1.2　窒息性出血

这个主要是因为机体组织因某些原因导致缺氧所致。这种出血主要见于颈部组织（如皮下，胸腺、气管黏膜等处）、胸腔组织以及一些器官（如纵隔、心包膜、心内外膜、胸肺膜等处），以出现数量不等的暗红色瘀点和瘀斑为主要特征，同时还伴随着颈部和胸腔血管的怒张。

1.3　机械性出血

当屠畜受到驱打、撞击、外伤、骨折或吊挂处置时，机械性出血就容易出现。发生部位一般比较常见的是在体腔、皮下组织、肌间和肾脏周围，以局限性、破裂性出血为主要特征，有时也可见肌肉内出现微小的斑点状出血，而其他组织一般不会见到出血，炎症反应也无。

1.4　麻电出血

对屠畜（特别是年轻的屠畜）实施麻电时若操作不当，容易造成屠畜的实质器官和骨骼肌的个别部位发生出血，呈放射状新鲜出血点。一般常见于肺，主要发生在两侧肺叶背缘肺膜下，呈散片分布，也有的呈成片密集；其次是淋巴结、唾液腺、脾包膜、肾、心外膜以及锁部间的结缔组织等处，发生在淋巴结（多见于支气管淋巴结和头颈部淋巴结）处的出血主要呈现周边出血，形于圆圈状，但不发生肿大。

1.5　呛血

若采取切颈法屠宰动物时，其肺易发生呛血。不过一般仅发生在肺膈叶背缘，向下缘则逐渐减少。呛血区域呈鲜红色，由众多的弥漫性放射状小红点形成不规则分布、弹性丰富。将呛血区切开，可见弥漫性鲜红色的肺组织，在支气管和细支气管内均有凝血块。而支气管淋巴结可能周缘出血，但不肿大。

2. 处理

2.1　若为病原性出血和窒息性出血且伴有淋巴结炎症变化的，必须首先要查明原因，如果是因为传染病或者中毒引起的，则根据疾病性质的不同作工业用或销毁处理。

2.2　若属于广泛性出血且有炎症反应（特别是淋巴结变化明显），在判明为非传染病的前提下，进行沙门氏菌检查，如为阴性，切除病变部分后迅速利用;若为阳性,高温处理后出厂。

2.3　对于机械性出血、麻电性出血以及肺呛血的,若变化轻微,胴体和脏器可不受限制出厂;若较严重的可将出血部分割除,其余部分不受限制出厂。

(二)水肿

1. 定义

所谓水肿主要指过多的液体在组织间隙或体腔内蓄积所致。一般有全身性水肿和局限性水肿两种类型。全身性水肿即全身组织发生水肿,主要因心力衰竭、肝病、肾病或营养不良所致;局限性水肿主要受感染、中毒或外伤所致,如皮下水肿,各种器官炎性水肿等。

在胴体任何部位发现水肿时,首先排除炭疽因素;其次,确定水肿的性质。

2. 处理

2.1　若水肿发生在肾周围、网膜、肠系膜等处,且伴有脂肪萎缩、变性,有淡黄色、黄色、橙黄色黏液或胶样浸润时,应先做致病菌检查。若为阴性,切除病变部分,迅速发出利用;若为阳性,经高温处理后出场。如果同时伴有淋巴结肿大、水肿、胴体放血不良、肌肉松软,则是败血症和恶病质化的特征,应将胴体脏器作销毁处理。

2.2　当水肿发生于后肢和腹部时,仔细检查心脏、肾脏和肝脏。如果能在器官内找到引起水肿的原因时,则将水肿部分切除,其他部分出厂;如果这些器官有急性变性过程,则检查沙门氏菌,阴性者切除病变器官、胴体发出利用,阳性者可高温处理后出厂。

2.3　若是由于传染病或中毒引起的水肿,则结合具体疾病情况作工业用或销毁处理。

2.4　对于创伤性水肿,仅将病变组织器官销毁,其他部分可正常发出利用。

(三)蜂窝织炎

1. 定义

蜂窝织炎是指皮下、肌间等疏松结缔组织内发生的急性弥漫性化脓性炎症,一般可根据心、肝、肾、淋巴结等器官的充血、出血和变性变化以及胴体放血状况和肌肉变化等进行判断。

2. 处理

2.1　若疾病已扩散至全身且伴有肌肉病变时,则整个胴体作工业用。

2.2　若肌肉正常无病变,则检查致病菌。阴性时切除病变部分后迅速发出利用,阳性时经高温处理后出厂。

(四)脓肿

1. 定义

脓肿是指组织内发生局限性化脓性炎症,以脓肿处有包膜并内有潴留的脓汁作为其主要特征。脓肿是宰后检验时经常见到的一种病变。

宰后检验发现肌肉脓肿时，应首先考虑脓毒败血症因素的影响。对无包囊且周围炎症反应明显的新脓肿，如果查明是转移来的，则表明是脓毒败血症。

2. 处理

2.1 若已排除脓毒血症且脓肿已形成包囊的，可将脓肿区切除，剩余部分出厂利用；如无法切除或脓肿数量众多，则须将整个器官或胴体作工业用或销毁处理。

2.2 对于多发性新鲜脓肿或脓肿中脓液已带有不良气味的，应将整个器官或胴体化制或销毁。

2.3 若脓汁的难闻气味已污染到与脓肿相连的胴体部分或修割时不小心切破脓肿，导致脓汁污染到胴体的其他部分的，则应将这些受污染部位割除。

(五)败血症

1. 定义

败血症是指病原菌在血液内大量繁殖并产生毒素，引起全身广泛性出血和组织损伤的一种病理过程。

败血症可以是某些传染病的败血性表现，也可以是局部感染进一步演化的结果。

败血症的病理变化一般主要表现为尸僵不全、血凝不良、黄疸、全身小点出血、皮下胶样浸润、全身淋巴结炎、急性脾肿和实质器官变性等。

2. 处理

2.1 根据病性处理，如炭疽及其他恶性传染病。

2.2 其他败血症的作销毁处理。

(六)脂肪坏死

1. 定义

脂肪坏死是指脂肪组织的分解变质和死亡。根据发病原因可分为胰性脂肪坏死、外伤性脂肪坏死和营养性胰脂坏死。

1.1 胰性脂肪坏死

主要是由于胰腺在某些因素的影响下发生炎症反应，阻塞导管或遭受机械性损伤，使得胰脂肪酶从细胞内释放出来对胰腺周围和腹腔内脂肪进行消化分解，而导致脂肪坏死的现象。一般常见于猪，发生部位主要在胰腺间质及其附近的肠系膜脂肪组织，严重的可波及网膜和肾周围的脂肪。

病理变化主要表现为坏死病灶外观呈小而致密的无光泽的白色颗粒，也有的呈不规则的油灰状、质地变硬、弹性失去、触之有油腻感。

1.2 外伤性脂肪坏死

由于外伤使组织损伤，受伤组织释放出脂肪酶，分解局部脂肪导致脂肪坏死。比较常见的是发生猪背部脂肪。对于牛(特别是肥牛),阴道周围的脂肪比较常见的坏死,就是由于产犊期间因机械性损伤而引起的。

病理变化主要表现为病变部位坚实、缺少光泽、呈白垩质样团块或呈油灰状。随着病变的发展会刺激周围组织导致急性和慢性炎症的发生。由于局部积聚了渗出物,故脂肪坏死区常被误认为是脓肿或创伤感染。

1.3 营养性脂肪坏死

一般主要是因为某些慢性、消耗性疾病(结核、副结核)影响所致,另外若饲养不当,使得肥胖家畜出现急性饥饿或消化障碍(肠炎、肠胃阻塞)的也易发生。

发病机理跟脂肪在体内的代谢异常有关,当脂肪的分解速度超过脂肪酸的转运速度,就会导致部分脂肪酸沉积于脂肪组织中而无法被及时运转。

病理变化主要表现为全身脂肪特别是肠系膜、网膜和肾周围的脂肪出现坏死。坏死脂肪颜色发暗、缺乏光泽、呈白垩色、质地变硬明显。病变初期可见脂肪呈众多的弥散样淡黄白色小病灶,就像撒上去的粉笔灰;随后,小病灶逐渐扩大、相互融合,最后形成白色坚实的坏死团块或结节。在坏死脂肪的刺激下,坏死区周围往往会出现急性或慢性的炎症反应。先以充血出血、炎性细胞浸润为主,后结缔组织出现增生,部分钙化,有时呈肉芽肿外观。

2. 处理

2.1 若脂肪坏死情况相较轻微,可不受限制出厂。

2.2 若坏死较为严重,则要先将病变部位切除作工业用或销毁,胴体不受限制出厂。

(七)骨血色病

1. 定义

骨血色症又名卟啉色素沉着,卟啉色素沉着在骨质中所引起的一种病症。在遗传学中该病属于隐性遗传病,多发于牛和猪。发病机理主要是血红蛋白出现代谢障碍所致。

病理变化主要是宰后全身骨骼、牙齿以及内脏器官均能见到淡红褐色、棕红色或棕褐色的色素沉着,沉着状态呈现明暗带交替。但沉着部位主要骨质中,骨膜、软骨、腱、韧带均不发生沉着。若沉着发生在牙齿,则牙齿呈淡棕红色,故又称"红牙病",在猪称为"乌骨猪"。

2. 处理

剔除患病骨骼和皮肤病变部位,胴体可食用。

(八)组织创伤与骨折

仅有骨折和组织创伤而无感染发生时,可切除被损害部分。若已发生继发感染,应先检查沙门氏菌。若结果为阴性,则切除损害部位后迅速发出利用;若为阳性,则高温处理后出厂。

二、肿瘤

肿瘤是指机体某一部分细胞异常增生形成的肿块。宰后检验时，发现的肿瘤形态多种多样，根据其性质不同，可分为良性肿瘤和恶性肿瘤两大类，两类肿瘤的区别见表2。

表2　良性肿瘤和恶性肿瘤区别

	良性肿瘤	恶性肿瘤
形态	结节状、乳头状 界限清，有包膜囊	多种多样，界限不清 无包膜囊，表面出血，常有坏死
生长方式	膨胀性生长，外突， 对周围组织不具有破坏性	多数是浸润性生长，也有外突， 对周围组织有破坏性
生长速度	较少，有的中途退化	较快
转移性	不转移	经常性转移
组织学	与机体组织细胞，异形性小	异形性大，与相应的正常细胞差异性大
对机体的影响	较小，但发生于脑脊髓等， 重要器官则后果严重	较大，引起机体贫血出血、发热等。

（一）常见的良性肿瘤与恶性肿瘤

1. 良性肿瘤

1.1　乳头状瘤

肿瘤呈乳头状，有蒂与基部相连，大小不一，表面粗糙，覆盖有增生的上皮，中心为含有血管的分支状结缔组织。

主要发生在上皮组织，各种动物均可发生，尤以反刍动物较为多见。生长于牛皮肤、阴茎或阴道的乳头状瘤常呈乳头状或结节状，有时呈花椰菜样突起于皮肤或阴道黏膜，表面因外伤而出血。

乳头状瘤按照间质成分的多少可分为硬性乳头状瘤和软性乳头瘤。硬性乳头状瘤常见于皮肤、口腔、舌、膀胱及食管等处，角化明显，纤维成分含量较高，质地较为坚硬。软性乳头瘤常见于胃、肠、子宫、膀胱等器官的黏膜处，相对纤维成分含量较少，而细胞成分较多，质地相较柔软，易出血。

1.2　纤维瘤

常见于结缔组织，主要由结缔组织纤维和成纤维细胞构成，一般分布于皮肤、皮下、骨膜、子宫、阴道等处。根据细胞和纤维成分的构成比例，可分为硬性纤维瘤和软性纤维瘤。

硬性纤维瘤中胶原纤维成分含量较多，质地较为坚硬。形状以圆形结节状或分叶状为多见，有完整的包膜、切面干燥、呈灰白色、有绢丝样光泽、并可见纤维呈编织状交错分布。

软性纤维瘤细胞和血管含量相对较多，质地相对较为柔软，有完整的包膜、切面湿润、呈淡红色。软性纤维瘤若发生于黏膜上，一般有较细的蒂与基底组织连接，称之为息肉。

1.3　神经鞘瘤

主要见于神经鞘细胞(雪旺氏细胞)，牛多发。发生部位一般在心神经、臂神经、肋间神经和交感神经链的背神经节处最为常见。肿瘤常以单发的形式出现，生长比较缓慢，形状多呈圆形或椭圆形。结构上一般有完整的包膜，与其粘连的神经，或从其一侧突出。切面呈灰白色至灰黄色。肿瘤常分叶，并略呈胶样。有时其中出现变性、坏死和出血区。

1.4　腺瘤

主要发生于腺上皮，猪、牛、马、鸡的黏膜或深部腺体上常见。发生于黏膜的，多突出于黏膜表面，呈乳头状或息肉状，基部有蒂或无蒂；发生于深部腺体的，多为圆形或结节状，外有完整的包膜。

腺瘤多呈实心或囊状。构成上若主要以腺上皮细胞为主称为单纯性腺瘤；若有囊腔且囊腔内的腺体分泌物使腺腔高度扩张成囊状时称为囊腺瘤；若同时伴有大量结缔组织增生时称为纤维腺瘤。

2. 恶性肿瘤

2.1　鳞状细胞癌

简称鳞癌，主要发生于鳞状上皮。常见于口腔、食管、喉、瞬膜、子宫颈、会阴、阴茎等处。常见的有猪鼻咽癌、鸡食管癌等。

2.2　纤维肉瘤

主要发生于结缔组织，各种动物均可发生。在皮下结缔组织、骨膜、肌腱等处最为常见，其次是口腔黏膜、心内膜、肾、淋巴结和脾脏等处。肿瘤呈结节状或不规则形，压迫周围组织有时会形成假包膜，切面呈灰白或粉红色，质地如鱼肉状，常见出血和坏死。

2.3　淋巴肉瘤

主要发生于淋巴组织，主要成分是未成熟的淋巴网状细胞，间质成分相对较少，生长速度比较快，易发生广泛性转移，可扩散至全身各种组织和器官，以淋巴结、脾、肝和肾最多。在淋巴结或其他器官内形成实体团块，有时肿瘤性淋巴细胞大量侵入血液，还可引起淋巴细胞性白血病。牛、鸡和猪常见，其中牛和鸡的淋巴肉瘤是由病毒引起的，

2.4　黑色素瘤

以黑色素细胞为主要成分，恶性居多。各种动物均可发生，浅色老龄马和

骡最为常见,其次是牛、羊、犬。

2.5　原发性肝癌

一般是由于黄曲霉毒素慢性中毒所致。若是由肝细胞形成的称作肝细胞性肝癌;若是由胆管上皮细胞形成的称作胆管上皮细胞性肝癌。牛猪、鸡和鸭均可发生,在高温、高湿地区易发生。

2.6　肾母细胞瘤

又称肾胚瘤、胚腺肉瘤。主要发生于肾胚胎组织。以未成年的猪、兔、鸡和牛常见。发生时在一侧或两侧肾脏的任何部位均可以见到肿瘤,肿瘤突出于肾表面,大小不一,自豆粒大至西瓜大小,外观呈结节状、分叶状或巨块状,灰白色,一般有包膜,质地硬。

(二)处理

1.若发生的是恶性肿瘤或体内两个器官以上均有肿瘤的,则胴体和内脏应全部销毁。

2.若发现的是良性肿瘤且只分布在一个脏器上,同时胴体不呈现瘠瘦,无其他明显病变的,可先割除瘤体及其连同的周围组织,其余部分不受限制出厂。如伴有胴体瘠瘦或肌肉有变化的,则将胴体和内脏作工业用或销毁。

三、皮肤与脏器的病理变化

(一)皮肤病理变化

1.皮肤病理变化种类

皮肤上所发生的病理变化一般常见的主要有如下几种:

1.1　出血

(1)麻电出血

发生部位一般在肩部和臀部,以新鲜不规则的点状、斑状或放射状出血呈现在皮肤上,出血颜色一致,应注意与热性传染病(猪瘟、猪丹毒、猪肺疫等)的出血斑点的区别。

(2)外伤性出血

发生部位一般在背部和臀部皮肤上,皮下组织偶也有。以不规则的紫红色条状或斑块出血为常见,发生原因一般是由于宰前猪被鞭打、棒击所致。

1.2　运输斑

白毛猪因受低温侵袭或高温灼烤使皮肤充血所致,其他动物也可发生。

1.3　弥漫性淡红

皮肤上大面积发红。致使原因或是屠宰时猪心脏还未完全停止跳动即行浸烫或是长途赶运引起猪产生应激性后未经充分休息即屠宰。

1.4　梅花斑

常见于猪的后肢臀部,呈中央暗红、周围有红晕的斑块。原因可能是某些因素引起过敏所致。

1.5 荨麻疹

一种过敏性反应,可能与猪采食马铃薯和荞麦之类的饲料有关。主要分布在胸下部和胸部两侧,有时遍布全身。其症状是皮肤上有扁豆大小的淡红色疹块,中心苍白周边发红,呈圆形、四边形或不规则形状。严重时疹块扩大,突出皮肤表面。注意与猪丹毒的区别。

1.6 黑痣

黑痣一般主要是由于上皮细胞内黑色素细胞疣状增殖所致。在皮肤上以黑色小米粒至扁豆粒大的疣状增生物存在,有的突出皮肤表面。

1.7 脱屑症

皮肤粗糙,好像铺了一层麸皮。一般是由于饲料营养成分搭配不合理,部分元素缺乏或是螨、真菌等寄生侵袭所致。

1.8 棘皮症

局部或全身皮肤表面弥散起无数个小突起(类似于鸡皮疙瘩)。主要与饲料中维生素、含硫氨基酸等缺乏有关。

1.9 癣

一般是由微孢子菌等真菌寄生所致,患处皮肤粗糙,毛发少或无毛。形状为圆形,大小不一。

1.10 无毛症

即机体全身无毛,发病原因多为先天的。

上述各种皮肤病理变化,其共同特点是淋巴结偶有充血但不肿大,胴体和内脏没有任何病变,与某些传染病的变化区别明显。

2. 处理

变化轻的,胴体可不受任何限制出厂;变化重的,割除病变部位作销毁处理。

(二)肺脏变化

1. 肺脏的病理变化

肺脏的病变大多是与病原侵害有关。

1.1 纤维素性胸膜肺炎

即支气管和肺泡内有大量以纤维素性渗出为主的渗出性炎症,病变范围较广,一般会影响肺脏的大叶、全肺或胸膜。呈红色或灰色、相互嵌镶、间质增宽、外观呈大理石样、质地坚实。切面干燥而呈细颗粒状,质地似肝脏。肺胸膜和肋胸膜常有纤维素性渗出物附着并粘连。

1.2 支气管肺炎

又称为小叶性肺炎。肺内病灶为多发性、散在性,主要分布在肺脏的尖叶、心叶和膈叶的前下部。呈黄色或暗红色，周围有红色炎症带；形状不规则，粟粒大或黄豆大；质地坚实，触摸与周围肺组织区别明显。切开可见有灰黄色粟粒至绿豆大小的岛屿状病灶。病灶中心常有一个细小的支气管，用手压之由支气管断端可见灰黄色混浊的液体流出。

1.3　肺坏疽

一般是外物吸入肺内所致。切开病变部位可见有污灰色、灰绿色甚至黑色的膏状和粥状坏疽物，伴有恶臭，有时可见与病变部相通的支气管内有外物残渣。

2. 非病理变化

一般主要是在屠宰加工过程产生的。

2.1　肺呛血和肺呛食

屠宰时切断三管（食管、气管、血管）后流出的血及胃内容物被吸入肺内，引起呛血和呛食。

2.2　肺呛水

将未死透的猪进行烫毛处理时，池水通过鼻孔和口腔吸入肺内而造成“呛水肺”。影响部位常见于尖叶和心叶，或波及膈叶。症状是呛水区显著肿大，外观呈污灰色或污黄褐色、被膜紧张、富有弹性，但间质不增宽，透过肺膜在小叶内可见到无数细小气泡。切开时，由支气管和切面上流出多量温热、混浊的液体，且往往杂有污物残渣。支气管淋巴结无任何变化。

2.3　麻电出血

见第59页。

3. 处理

3.1　传染病、寄生虫病或肿瘤引起的变化：结合具体疾病情况处理。

3.2　其他的原因引起的变化（肺炎、胸膜炎、支气管肺炎、肺气肿、瘀血、水肿、坏血支气管扩张、尘肺等）：割除肺脏销毁。若胴体消瘦并伴有毒血症的，则将胴体和内脏化制或销毁。

3.3　呛血肺：局部割除，麻电出血肺不受限制出厂。

（三）心脏的病理变化

1. 心脏的病理变化

心脏的病理变化除病原侵害引起的病变外，还有一些非病原引起的诸如脂肪浸润，心脏肥大，心包炎、心内膜炎、心肌炎等病变。

1.1　心肌炎

心肌呈灰黄色似煮熟状、质地松弛、心脏扩张。局灶性心肌炎时，可见心内膜和心外膜外有灰黄色或灰白色斑块和条纹（虎斑心）；化脓性心肌炎时，心肌内散在有大小不等的化脓灶。

1.2 心内膜炎

以疣性心内膜炎为最常见，主要症状是心瓣膜发生疣状血栓；其次是溃疡性心内膜炎，以心瓣膜上出现溃疡为主要症状。

1.3 心包炎

如牛的创伤性心包炎。主要症状是心包极度扩张、增厚，有淡黄色纤维蛋白或脓性渗出物沉积并有恶臭。慢性心包炎可演变成“绒毛心”。

2. 处理

2.1 若为心肌肥大脂肪浸润及慢性心肌炎的，如不伴有其他脏器的病变，心脏可以利用；

2.2 若是严重的心包炎、心内膜炎、急性心肌炎、心肌松软及色泽发生了改变的，应将心脏销毁；

2.3 对于创伤性心包炎，心脏连同周围患病组织销毁。胴体则先检查沙门氏菌，若为阴性，胴体可高温处理后利用。

(四)肝脏的病理变化

肝上的病理变化是宰后检验中相对比较常见的，既有病原侵害引起的病变，也有非病原性病变如营养性的、代谢性异常的以及屠宰加工引起的变化等。

1. 肝脂肪变性

肝的脂肪变性一般常见于败血症、脓毒败血症所致，而育肥家畜的肝一般表现为脂肪浸润。症状一般在初期呈现肝肿大，边缘纯圆。随后由于肝细胞的崩解和消肿，体积逐渐缩小，质地软而易碎，呈黄褐色、灰黄色或泥土色，切面暗淡，触之有油腻感，对光观察在刀刃上可见到闪闪发亮的油滴，称之为“脂肪肝”。如果变性同时还伴有瘀血，则肝切面会由暗红色瘀血部分和黄褐色变性肝脏组织互相交织掺杂，形成类似槟榔切面的花纹，称之为“槟榔肝”，

处理：销毁脂肪变性的肝；胴体有其他病变的，进行沙门氏菌检查，若为阳性，胴体化制或销毁。

2. 肝硬化

肝硬化常见的有萎缩性肝硬化和肥大性肝硬化。萎缩性肝硬化的主要症状是肝整体变小，表面粗糙，呈颗粒状或结节状分布，肝体颜色呈灰红或暗黄色。被膜相对增厚，质地坚实，切开时难度较大，故又称为“石板肝”。肥大性肝硬化的主要症状是肝体相较增大2～3倍，表面比较平滑，质地坚硬，故又称为“大肝”。

处理：若重且伴有腹水、胴体消瘦的，则胴体和内脏全部销毁；若仅有硬化而无其他变化的，只须销毁肝脏，其他部分仍可利用。

3. 肝坏死

肝坏死是指在肝表面和实质中分布有一些呈灰色或灰黄色凝固性坏死灶，

一般有榛实大甚至更大。坏死区质地比较脆弱,边缘常伴有红晕。肝坏死一般是由坏死杆菌侵害所致,牛比较常见。另外,禽霍乱也可导致本病发生。

4. 肝脓肿

牛多发,前文已有表述。

5. 寄生虫损害

常见变化有寄生虫引起的钙化结节(砂粒肝)、吸虫引起的胆管扩张和硬化、蛔虫幼虫移行引起的乳斑肝等。

处理:将有病变的肝销毁。

6. 副伤害结节

即指肝表面和实质内所分布散在性的黄色病灶,大小为粟粒至米粒大小,切面暗淡、无光泽。常见于小牛、仔猪。

处理:如肝脏有病变而其他部位无变化的,仅销毁肝脏;若肝脏病变的同时还伴有其他内脏变化的,则胴体与内脏均销毁。

7. 肝色素沉着

即俗称的“黑肝子”,老龄家畜易常见。指肝脏由于黑色素沉着而使肝脏局部或整体呈现褐黑色变化,此类肝质地一般比较松脆。

处理:将肝作化制处理。

8. 黄疸

一般是由阻塞性黄疸、实质性黄疸或钩端螺旋体病所引起。肝脏通常呈肿大变化,肝色为柠檬黄色或红色。

处理:销毁肝;若是由于传染病或中毒导致的,则按具体疾病对应处理。

9. 胆管扩张

轻者切开肝实质时可见流出的污绿色稀薄胆汁;严重的会见到较多的污绿色胆汁流出或胆盐沉着;肝脏呈灰黄色,实质锐薄,胆管明显扩张且无弹性。

处理:将肝脏作化制或销毁处理。

10. 中毒性肝营养不良

主要是由于全身性中毒和感染所引起的一种变质过程,表现为变性、坏死,继而很快溶解。病变初期肝体肿大、色黄、质地脆弱(类似脂肪肝状)。随后在黄色背景上出现红色斑纹(呈槟榔肝现象),肝体缩小,出现明显坏死,窦隙充血扩张,肝组织塌陷,最后演变为肝硬化。本病各种家畜均可发生,以猪最为常见。

处理:肝销毁。

11. 肝血管瘤

常发于牛和羊。瘤体暗红或紫红,质地柔软,大小为直径15厘米或更大。

处理:肝销毁。

12. 肝毛细血管扩张和“锯屑肝”

肝毛细血管扩张又名“富脉肝“，是由于体内物质代谢发生障碍所引起的一种变性。主要症状是在肝表面和实质内存在有单个或多个暗红色病灶，病灶大小为直径 1～10mm 不等；“锯屑肝”的病灶颜色为灰色，其他症状类似于肝毛细血管扩张。

处理：严重病变的肝作化制式销毁处理。

13. 肝瘀血

轻度瘀血时肝实质一般还处于正常状态。严重瘀血时，肝体肿胀，呈蓝紫色，包膜紧张，切开肝实质时会流出较多的深紫色血液。

处理：变化轻的，可以利用；变化重的，肝销毁。

14. 饥肝

肝的色泽为黄褐色、黄色或泥土色，变得很淡，但大小、结构和质地无变化。

处理：可以食用。

15. 肝压迫性贫血

主要是由于宰杀过程中牲畜在强呼吸时致使膈肌对肝凸面造成压迫所致。在膈面凸出部存在黄白色或泥土色的贫血区，大小类似于小盘，不肿胀、不发脆，组织结构和质地无异常变化。

处理：可以食用。

16. 肝气肿

主要是打毛时肝脏受到打击而导致的。在肝被膜下的小叶间分布有一些小气泡，切破释放出气体后局部会发生塌陷。一般猪较为常见。

处理：可以食用。

（五）脾脏的病理变化

1. 常见病理变化

1.1　急性炎性脾肿

主要是由于一些败血性传染病感染所致，败血脾常见于败血性炭疽。脾脏呈兰紫黑色，显著肿大，较正常脾增大 2～10 倍；脾髓软化成煤焦油状，景象模糊，红、白髓无法分辨。

1.2　脾脏梗死

为猪瘟、猪高致病性蓝耳病的特征性病变之一。一般发生在脾脏边缘，为黑红色或紫黑色坏死灶，大小为扁豆至豌豆粒大。

1.3　脾脏脓肿

常见于马腺疫、犊牛脐炎、牛创伤性网胃炎等。

1.4　脾肉芽肿结节

多见于结核、鼻疽、布病等。

1.5　屠宰脾

在使用枪击法或“刺脊髓杖”进行屠宰时，破坏了牲畜延脑血管收缩中枢和内脏大神经的脊髓段，进而使血管扩张，血压降低，最终导致脾、肝、肠等发生充血症状，其中尤以脾脏充血最为显著。脾脏因充血而肿大，但髓质结构正常，胴体和其他脏器也无异常改变。

2. 处理

病变脾一律作销毁处理。

（六）肾脏的病理变化

1. 常见病理变化

肾脏的病理变化，一般是跟一些特定的传染病和寄生虫病有关。如猪瘟的“麻雀卵肾”、猪丹毒的“大红肾”、热病初期的浆液性肾小球肾炎（肿大、灰红、多汁）、间质性肾炎的白斑肾（牛梨形虫病、布病、钩端螺旋体病、马传贫等）、特殊肉芽肿结节（结核病、鼻疽等）。

另外，肾实质和肾盂发生的炎症类型也较多，如：大白肾、肾结石、肾盂积水、肾梗死、肾囊肿、化脓性肾盂肾炎、转移性肾脓肿以及慢性结缔组织增生导致的肾硬化和肾皱缩等等。

2. 处理

2.1　肾结石、轻度肾囊肿和肾梗死，切除局部，其余可食用；

2.2　其他炎症和病变的肾脏，作工业用或销毁；

2.3　传染病引起的病变肾脏，按具体疾病处理。

（七）胃肠的病理变化

1. 常见病理变化

胃肠部位的病理变化一般常见的有各种炎症、出血、充血、糜烂、溃疡、化脓，坏疽、寄生虫结节以及肿瘤等等。另外，猪的宰后检验有时会见到一种“肠气泡症”，即在肠壁和局部淋巴结上附着一些气泡，这主要是因为在空肠和回肠段存在气泡所致。

2. 处理

“肠气泡症”的肠道经放气后可食用。若有其他病变的则作工业用或销毁处理。

任务五　性状异常肉和中毒肉的处理

一、气味异常肉

屠宰检疫中，利用嗅闻酮体是否有异味，是用来初步判断该酮体是否合格的常用方法之一，初选出来的不合格酮体再经过进一步的检疫来判断其是否合格，这样在检疫实际中就可以加快检疫速度，提高检疫效率。

（一）常见气味

1. 饲料气味

若肉用动物长期以腐烂的块根（萝卜、甜菜等）、油渣饼或具有浓厚气味的植物（苦艾、独行菜）等为食，则屠宰后肉会产生异味，而且在烹调加工时，气味会更浓烈。

猪若长期食入鱼粉尤其是脂肪含量高的鱼粉，则猪肉和脂肪均会带有不良的鱼腥味。脂肪会变软，色泽呈淡黄色、褐色或灰色。

若猪长期食用厨房的废弃物或泔水，则肉和脂肪会散发出恶心的污水气味。

2. 性气味

主要是未阉、晚阉及隐睾公畜其肉和脂肪常产生难闻的性气味，特别是在公猪的颌下腺和腮腺部位。因此，须切开腺体作相关检查。

3. 病理气味

患恶性水肿或气肿疽的动物其肉和脂肪呈陈腐油脂气味，患蜂窝织炎或子宫炎的动物呈粪臭味；肌肉中存在腐败病灶时则会发出恶心的腐败气味；肾脏病变时（如坏死、慢性肾炎、尿毒症等）会呈尿味；患酮血症时有恶甜味；患胃肠道疾病时有腥臭味；砷、有机磷等中毒时会有大蒜味。

4. 药物气味

若在宰前给牲畜灌服或注射有芳香气味的药物（如醚、氯、松节油、克迈林、石炭酸、樟脑、甲酚制剂等）会导致肉和脂肪产生异常气味，同时也会改变肉的滋味。

5. 附加气味

若肉尸所处环境存在有不良气味（如用具有明显消毒药气味或装载过某些有异味药品的车厢运输肉尸）或肉保藏在有异味（油漆味、消毒药物味、烂水果味、鱼虾味等）的仓库或包装材料内，当肉尸吸附气味后，也会导致异味肉等情况发生。

6. 变质气味

若肉在贮藏、运输或销售过程中因某些原因出现自溶、腐败或脂肪氧化时，则出现酸味、臭味或哈喇味。

（二）处理

1. 病理性异味，按疾病性质进行处理。

2. 其他原因的异味，先将肉良好通风 1 天，再通过煮沸试验。若煮熟的肉样仍留有异味，则不得食用，作化销或销毁处理；若仅胴体局部或脏器有气味，销毁局部或整个脏器，其余部分可作食用；

二、色泽异常肉

(一)黄脂

1. 定义

又称黄膘，是脂肪的一种黄染现象。产生原因主要与饲料和机体色素代谢功能失调有关。当给家畜（特别是猪）饲喂黄玉米、胡萝卜、油菜籽、亚麻籽油饼、鱼粉、蚕蛹时，可引起脂肪组织发黄。另外，维生素 E 缺乏也会导致脂肪变黄。

2. 外观特征

主要是皮下或体腔脂肪组织呈黄色，而其他组织不着色。质地变硬。一般随放置时间的延长黄色逐渐减退，胴体放置 24 小时以后即褪色，烹饪时不影响香味。

3. 处理

3.1　饲料引起且无其他不良变化的，可以作食用。

3.2　若同时伴有其他不良气味的，作化制或销毁处理。

(二)黄疸

1. 定义

黄疸是家畜多种疾病常见症状之一，其形成跟体内胆红素的代谢异常有关，若体内胆红素产生过多或出现排除障碍就会使得血液中胆红素含量升高进而造成全身组织黄染。生成原因较多如传染性肝炎、钩端螺旋体病、肝片吸虫病、败血症、有机磷中毒等。另外像梨形锥虫病会导致溶血性黄疸、胆结石、急性小肠炎、蛔虫阻塞等会导致阻塞性黄疸。

2. 外观特征

黄染明显，包括脂肪组织、皮肤、黏膜、结膜、关节液、血管内膜、肌腱甚或一些实质器官都会被染成不同程度的黄色，同时大多数情况下还会伴随着肝胆的病变。胴体放置 24h 后，黄色不减轻，甚至会呈加深趋势。

检验时要查明黄疸的性质，区分传染性和非传染性，尤其要注意是否是钩端螺旋体病。

3. 实验室检验

3.1　苛性钠法

取 2g 不带血液和血管的脂肪组织，充分剪碎，装入试管内，加入 5ml 5％苛性钠溶液，煮沸 1 分钟，并不断摇动，冷却至 40～50℃时，加入等量乙醚，振荡均匀，加塞静置，待其分层后观察。若上层乙醚无色，下层液体呈黄绿色则为黄疸；如上层呈黄色，下层无色，则为黄脂；如上下两层均呈黄色，则为黄脂、黄疸同时存在。

3.2　硫酸法

取数克脂肪在50%乙醇液中浸泡并不时振荡,将浸泡液过滤,取8ml滤液置于试管中,加入10～20滴浓硫酸。当存在胆红素时,滤液出现绿色;继续加入硫酸并加热之后,则变为淡蓝色。

4. 处理

若检验确定为黄疸则胴体和内脏不能食用,按具体疾病作工业用或销毁处理。

(三)红膘

1. 定义

红膘是指皮下脂肪的毛细血管因充血、出血或血红素浸润而呈现粉红色。一般主要是急性猪丹毒、猪肺疫等疾病引起。另外,宰前若经历长途运输或受过冷热刺激的也会出现。

检验中若发现红膘,要仔细检查其他组织器官有无异常,以便做出正确判定。

2. 处理

2.1　若为急性猪丹毒、猪肺疫引起,则胴体及内脏作销毁处理;

2.2　其他原因引起的,症状轻的可食用,重的高温处理后作销毁处理。

(四)黑色素沉着

1. 定义

又名黑变病。无黑色素存在的机体部位(如心、肝、肺、胸膜、腹膜、淋巴结等)因黑色素异常沉着所致。沉着区一般呈棕色、褐色或黑色,以斑点至大片乃至整个脏器分布的形式存在。

2. 处理

轻的胴体,可以食用。重的,修割局部或销毁病变器官后其余部分可作食用。

(五)嗜酸性粒细胞肌类

1. 定义

嗜酸性粒细胞肌炎是指大量的嗜酸性粒细胞存在于骨骼肌和心肌局部病灶内而发生的一种肌肉炎症。发病原因不明,以牛和猪常见。

2. 外观特征

病变部位一般在胸肌、膈肌、腹肌、背最长肌以及臀部肌肉和心肌,形状为细长形,长5mm～25mm,横切面为圆形,与肌纤维方向一致。病灶界线清楚,以点状或弥散性黄白色区分布,病灶周围伴有出血。若新鲜肌肉中出现绿色病灶,暴露在空气中则会褪色变成白色。轻者仅少数几块肌肉内出现,重者可波及大面积骨骼和心肌。

3. 病理组织学检查

在肌束膜内或其周围可见到有大量成熟的嗜酸性粒细胞浸润其中。嗜酸性粒细胞代替变性、坏死的肌纤维，甚至出现钙化。若为慢性病变，则病变部位发生大量的淋巴细胞、浆细胞和巨噬细胞浸润，病灶的周围分布有较多的嗜酸性粒细胞。

4. 处理

病变轻的，切除局部病变组织，其余部分可作食用；重的，胴体作工业用或销毁。

(六)白肌病

1. 定义

是一种动物体内因缺乏维生素 E 和微量元素硒所致的营养代谢性疾病。维生素 E 和硒都是抗氧化剂，能保护细胞膜；若缺乏维生素 E 和硒，易使细胞膜在某些因素作用下受到损伤，严重的会导致细胞变性、坏死。

2. 病变特征

发病部位一般在半腱肌、半膜肌和股二头肌等处。另外，臂三头肌、三角肌和心肌也有偶发；一般猪、牛、羊和马的病变部位主要在骨骼肌和心肌，尤其是犊牛和羔羊最为明显。病变发生时肌肉呈白色条纹斑块，严重的则整个肌肉呈弥漫性黄白色，影响范围可达大块肌肉；切面干燥，外观似鱼肉样，一般呈对称性损害，偶见局部钙化灶；若病变发生在心肌，可伴随肺水肿、充血及胸腔积水。

3. 处理

病变轻者且呈局灶性的，将病变部位切除后其余可食用；严重的如病变遍布全身的，则胴体作化制或销毁处理。

(七)白肌肉(PSE 猪肉)

1. 鉴别

白肌肉与白肌病最大的差异是肌纤维没有发生变性、坏死，但由于同样肌肉色淡，易与白肌病混淆，应注意区分。本病主要在猪身上常见。病变部位一般在半腱肌、半膜肌、股二头肌和背最长肌，另外，腰肌、臂二头肌、臂三头肌也有分布。主要症状是肌肉苍白、质地松软、保水性差、切面能渗出较多液体。

2. 发生机制

为猪应激综合征的一种表现。原因是猪屠宰前因紧张刺激(如运输拥挤以及热电刺激、饥饿等)使肾上腺素分泌增加，引起肌肉强直、机体缺氧；宰后肌糖原酵解加快，产生过多的乳酸和正磷酸，使体内 PH 值很快降低进而出现此症状。另外，若屠体在烫池中浸烫时间过长或开膛时间被延迟也会发生这种变化。一般皮特兰、波中猪和长白猪常见此种变化。

3. 处理

可以食用,只是品质差,味道不佳,不适合做腌腊制品。

三、中毒动物肉

(一)宰前鉴定

由于能使动物中毒的有毒物质较多且动物中毒后症状也各有千秋,故宰前要对动物的精神状态、皮肤和黏膜变化、有无神经症状、胃肠道症状等方面做严格检查。

1. 氢氰酸、氰化物、碳酸中毒

发病急,死亡快。主要表现有呼吸困难、结膜发绀、极度兴奋、狂叫、心功能衰竭、昏迷等。

2. 有机磷农药、有机氯农药、亚硝酸盐、汞砷中毒

流涎、呕吐、狂躁不安、大汗、抽搐、瞳孔缩小、腹泻、便血。

3. 毒芹、麦角、麻黄、颠茄、马钱子、毒蒿中毒

兴奋不安、强直性或阵发性肌肉震颤;严重者倒地、头后仰、瞳孔散大。

4. 菜籽油、蒴类、秋水仙中毒

多尿或无尿,出现血尿、血红蛋白尿。

5. 荞麦、三叶草、马铃薯、苜蓿中毒

红斑性皮疹、脓疱、黄疸。

6. 蛇毒或虫毒

伤处红肿、出血、坏疽,兴奋不安。

(二)宰后鉴定

1. 感官检查

病变主要发生在毒物侵入的部位及有关组织。如毒物经口进入体内,则口腔、食管和胃肠黏膜会出现充血、出血、变性、坏死、糜烂,同时肝、肾、肺、心等实器官和淋巴结会发生水肿、出血、变性坏死等变化。有些毒物中毒后,皮肤会出现红斑、坏死等变化,胴体会出现放血不良,出现异味肉。有些毒物会产生一些特征性病变:如氰化物中毒时,血液和肌肉呈鲜红色;亚硝酸盐中毒时肌肉和血液呈暗红色;砷中毒时,肉呈大蒜味。

2. 实验室检验

取肉、内脏、血液或淋巴结等样品,通过实验室毒物检测以便确诊。

3. 检验要求

3.1 中毒性动物肉尸检验的结论,应在毒物化学检验之后提出;

3.2 要作细菌学检验,以排除某些传染病;

3.3 毒物检验时要根据相关要求和病理剖检提供的线索,确定毒物化学

检验的重点和主要项目。

(三)处理

经检验若确定为中毒,胴体及内脏,一律不得食用,只能作工业用或销毁。

四、羸瘦肉与消瘦肉

(一)鉴别

羸瘦是指畜体外表健康,无明显的代谢障碍症状,器官和组织中也没有其他病理变化,但躯体明显瘦小,皮下、体腔和肌肉间脂肪减少或消失,肌肉萎缩。该症一般跟饲料不足、饥饿以及畜体的老龄有关。

消瘦是一种与某些病理过程或疾病有关的病理变化。急性的如患严重的热性病、肠炎等,机体会很快消瘦;慢性的如某些慢性消耗性疾病。消瘦在脂肪锐减和肌肉萎缩的同时还会出现其他组织器官的病理变化。

(二)处理

对于饥饿和年老引起的羸瘦肉,若脏器没有病变的可以食用。严重的羸瘦肉,需检查沙门氏杆菌。阴性时,将肉迅速利用;阳性时,高温处理。若消瘦肉病变明显,则作工业用或销毁。

项目四　动物及其产品运输检疫技术

【项目目标】

知识目标

(1)了解运输检疫的概念、意义及要求。

(2)了解国内种用畜禽检疫技术规范。

(3)掌握种畜禽起运前检疫的时间、项目、程序和方法。

(4)掌握动物运输检疫证明、运载工具消毒证明的适用范围、有效期及其填写方法。

(5)掌握运输检疫相关证明的验证和出具

(6)掌握检疫不合格者的处理方法。

能力目标:

(1)能操作出县(市)境动物、动物产品在运输过程中的检疫。

(2)能进行运输检疫相关证明的验证和出具。

(3)能处理检疫不合格的动物、动物产品。

任务一　运输检疫的程序和方法

一、运输检疫概述

(一)概念

运输检疫就是对运出县(市)境的动物、动物产品所实施的一种检疫。

运输检疫的职责是检疫运出县(市)境的动物、动物产品,并出具运输检疫证明。而运输检疫监督的职责主要是查验畜主或货主是否持有检疫证明或有关证件、证物,证物、证件是否符合规定等,并不具体检疫动物、动物产品。只有当发现问题时才会对动物、动物产品采取补检或重检。

(二)实施意义

1. 促进产地检疫工作

凡未经产地检疫的动物、动物产品在运出县(市)境时,均可视为不合格,按规定要给予处罚。因此,对于那些分散的动物、动物产品可以督促经营者主动去进行产地检疫,办理产地检疫证明,从而促进产地检疫工作真正落到实处。

2. 防止疫病远距离传播

动物在长途运输的过程中,其抵抗力常因环境的变化而有所下降,极易发生传染病,此时若措施不及时、不到位,就会使疫病很快传播蔓延。因此,加强运输检疫,能及时发现和控制疫情,从而有效防止动物疫病的远距离、大范围传播。

(三)实施要求

运输检疫以监督检查即验证查物作为其主要任务。

1. 运输动物、动物产品要有检疫证明

当动物或动物产品要运出县(市)境时,畜(货)主应在动物运前 3 天、动物产品运前 5 天内,持《动物产地检疫合格证明》或《动物产品检疫合格证明》向所在地县或县以上动物防疫监督机构进行报检。由动物防疫监督机构或其委托单位进行监督检查,查验动物或动物产品的检疫证明,并进行抽检。对于没有检疫证明或检疫证明超过有效期以及证物不符的动物或动物产品,实施补检或重检;对合格者出具《出县境动物检疫合格证明》或《出县境动物产品检疫合格证明》。

2. 运输动物、动物产品要凭证明承运

运输者凭动物检疫站出具的《出县境动物检疫合格证明》或《出县境动物产品检疫合格证明》《动物及动物产品运载工具消毒证明》进行承运。铁路、航空、水路等运输部门凭派驻铁路、航空、水路的动物防疫监督员签字并加盖动物防疫监督专用印章的检疫证明进行承运。承运单位要在装前、卸后对运输动物、动物产品的车辆、船舶、机舱以及饲养、装载用具进行清扫、洗刷,防疫人员消毒后出具消毒证明。及时无害化处理垫草、粪便和污物。

3. 运输动物要接受监督检查

动物在启运前或运输过程中,要接受县级以上动物防疫监督机构或其派驻车站、港口、机场的运输检疫站的监督检查。发现可疑病畜、可疑染疫动物产品或检疫证明过期、证物不符等现象,要及时进行抽检、重检或补检,合格者出具检疫证明,不合格者按规定处理。

4. 运输途中要注意兽医卫生

在运输途中,任何单位和个人不准宰杀、出售病死畜禽;不准沿途抛弃病死畜禽及其腐败变质产品、粪便、垫草和污物。对于途中病死的畜禽及其粪便、垫草、污物等必须在指定站或到达站卸下,并在当地动物检疫人员监督下,由畜(货)主按规定进行无害化处理;装运动物的火车、飞机、船舶不准在疫区车站、机场、港口装添草料、饮水和有关物资。

(四)注意事项

1. 防止违法运输

随着我国经济体制改革的不断深入,铁路、公路等运输部门营运机制也在发生变革,如长途客运汽车、列车上的行李车包租给个人,使得违法托运未经检疫检验的动物、动物产品者有机可乘。因此,动物防疫监督机构要与铁路等运输部门密切配合、制订相关制度,积极向托运人、承运人宣传动物防疫法,并采取联合检查行动,严防疫区动物、动物产品和私屠乱宰的动物产品运输。另外,还要加大检疫执法力度,严防不法分子贩运动物尸体。

2. 科学赶运动物

由于赶运的动物在开放条件下易直接接触沿途动物,造成疫病的传播。因此,赶运时要规划好赶运路线,避开疫区、公路等,尽量避免与当地动物接触。途中病、死动物不能随意丢弃。若赶运动物有异常,应及时联系沿途的动物防疫监督机构,妥善处理。

3. 合理运输

动物、动物产品运输时易出现活畜禽掉膘死亡、肉类腐败变质、禽蛋碎裂等情况,一方面会给经营者带来损失;另一方面还会直接或间接的引发疾病,造成环境污染。因此,运输动物、动物产品时要科学规划,选择合理的运载工具和运输线路,采用科学的装载方法和管理方法,减少途病途亡,方便运输检疫,使整个运输过程符合卫生防疫要求。

二、运输检疫的基本程序与组织

(一)运输检疫的基本程序

运输检疫程序一般是由运前检疫、运输途中检疫和到达目的地检疫等三个环节构成。

(二)运输检疫的组织

1. 起运前的检疫组织

动物托运到车站、码头后应根据运输检疫的要求休息2～3h后再进行检疫。全部检疫完成时间(自到达时至装车时止)要求控制在6h以内。检疫时重点验讫押运员携带的检疫证明。若检疫证明是在3d内填发的,可采取抽查或复查,无须详细检查;若出现无检疫证明、畜禽数目和日期与检疫证明不符又未注明原因、畜禽来自疫区、到站后发现有可疑传染病病畜死禽等情况时,则须彻底检查,通过补检确定安全后,给予出具检疫证明,准予启运。

由于在车站码头的检疫有一定的时间限制,因此检疫时一般以简便迅速的方法进行。如检查牛体温可采用分组测温法,每头牛测温时间尽可能有

10min。猪、羊的检疫可利用窄廊(一般长 13m、高 0.65m、宽 0.35～0.42m)来检查和测温。检查中若发现有病畜,按规定处理。

2. 运输途中或过境的检疫组织

一般以预定供水的车站、码头作为检查点。检疫时,除须查验有关检疫证明文件外,还应深入车、船仔细检查畜群。若发现有传染病时,按规定要求处理。必要时要求装载动物的车船到指定地点接受监督检查处理,待正常安全后方准运行。车船运行中发现病畜、死畜、可疑病畜时,立即隔离到车船的一角,进行救治及消毒,并报告车船负责人,以便与车站码头畜禽防检机构联系,及时卸下病、死家畜,在当地防检人员指导下妥善处理。

3. 运达目的地的检疫组织

当动物运达卸载地时,检疫人员要对动物重新检查。先验讫有关检疫证明文件,然后再深入车船仔细观察畜群健康情况、畜禽数目情况。若有病畜或畜禽数目不符的则禁止卸载。在查清原因后,先卸健畜、再卸病畜或死畜。在未判明疾病性质或死畜死亡原因之前,要隔离检疫与病畜或尸体接触过的家畜。有时尽管押运人员报告死畜是踩压致死,但也不可疏忽大意,因为途中被踩死的家畜,往往是由于患了某些急性传染病的家畜。

在运输检疫中要做好与运输等相关部门的协调工作,以便运输检疫的顺利实施。

三、运输工具的检疫

(一)概述

1. 概念

运输工具检疫是针对运输工具的一种检疫,包括来自疫区的进境、出境和过境等用来装载动物、动物产品及其他检疫物的运输工具(包括集装箱)所进行的检疫。

2. 实施意义

运输工具作为传播动物疫情的载体,是动物检疫的一部分,是《中华人民共和国进出境动植物检疫法》中明确规定的专项检疫内容。对于阻止动物疫情可能传播的所有渠道,展示全方位执行出入境检验检疫的格局,全面贯彻实施《中华人民共和国进出境动植物检疫法》具有十分重要的意义。

(二)方法与要求

(1)来自动物疫区的运输工具如船舶、飞机、火车等抵达口岸时,由口岸出入境检验检疫机关实施检疫。检疫时可以登船、登机、登车实施现场检疫,并对可能隐藏病虫害的餐车、配餐间、厨房、储藏室、食品舱等动物产品存放、使用场所和泔水、动物性废弃物的存放场所以及集装箱箱体等区域或者部位实施检疫;必要时作防疫消毒处理。发现病虫害的,作熏蒸消毒或者其他除害处理。

(2)进境拆解的废旧船舶,由口岸出入境检验检疫机关实施检疫。发现病虫害的,作除害处理。

(3)进境的车辆,由口岸出入境检验检疫机关作防疫消毒处理。

(4)装载动物出境的运输工具,装载前应当在口岸出入境检验检疫机关监督下进行消毒处理。

(5)装载动物产品和其他检疫物出境的运输工具,作除害处理后方可装运。

(三)注意事项

(1)运输工具的负责人必须接受检疫人员的询问并在询问记录上签字,提供运输日志和装载货物的情况,开启舱室接受检疫。

(2)装运供应我国香港、澳门地区的动物的回空车辆,实施整车防疫消毒。

(3)进境、过境运输工具在中国境内停留期间,交通员工和其他人员不得将所装载的动物、动物产品和其他检疫物带离运输工具;需要带离的,应当向口岸出入境检验检疫机关报检。

(4)来自动物疫区的进境运输工具经检疫或者消毒处理合格后,运输工具负责人或者其代理人要求出证的,由口岸出入境检验检疫机关签发《运输工具检疫证书》或者《运输工具消毒证书》。

四、运输检疫的出证

运出县境的动物和动物产品,由当地县级动物防疫监督机构实施检疫,合格的出具检疫证明。

1.《出县境动物检疫合格证明》

限于运出县境的动物使用。有效期从签发日期当天算起,视运抵到达地点所需要的时间填写,最长不得超过7d。

2.《出县境动物产品检疫合格证明》

限于运出县境的动物产品使用。有效期从签发日期当天算起,以运抵到达地点所需时间为限,最长不得超过30d。

3.《动物及动物产品运载工具消毒证明》

任务二　皮张检疫

一、皮张检疫的必要性

(一)皮张的来源与作用

皮张的来源一般主要有两个途径:一是来自家养的动物,包括家畜和家养的经济动物，将其屠宰后剥下生皮，这也是皮张来源的主要途径；二是来自野生动物，将其体上的皮剥下而成。

皮张是轻工业生产中的一种重要原料，一般可用来制革、制裘，甚至是制备某些生物制品的原料。其产品除了与人们的生活密切相关，在其他方面（重工业、国防工业等）也有着广泛的用途。

（二）皮张检疫的意义

皮张是从动物身体上剥下来的，如果来源动物生前患有某种疫病，特别是患有某种检疫疫病，就会使皮张本身也携带该疫病的病原体。若不通过检疫就当作正常的皮张进行收购、运输和加工，皮张就会成为传播疫病的重要媒介，这样一来，不但会严重地危害养殖业的发展，造成重大的经济损失，而且动物的很多疫病就会在皮张的收购、运输和加工等过程中有可能向人体传播，进而严重损害人的身体健康。因此，必须严格实施皮张检疫，将携带有病原体的皮张通过检疫予以暴露，并按照有关规定进行无害化处理，将疫病的病原体集中消灭，防止疫病经由皮张而传播，这对于保障我国畜牧业的快速发展、确保人体健康，都有着重要的意义。

另外，在皮张进出口时也必须实施严格检疫，以防疫病进出口。国际劳动团体总会早在1920年就要求各毛皮出口国必须建立兽医检疫机关，进口国家对未经检疫的毛皮应拒绝进口。由于毛皮有携带疫病病原体的危险性，所以世界各国都非常重视对进出口毛皮的检疫。随着我国国民经济的快速发展和人们生活水平的提高，我国进出口皮张的数量大幅度增加，皮张检疫的地位亦越来越重要。搞好皮张检疫工作，对于保证皮张产品的卫生质量，保障消费者的使用安全，确保人体健康，为人类保健事业服务起着非常重要的作用。

二、皮张检疫的方法

动物的皮肤一般可分为表皮层、真皮层和皮下结缔组织3部分。皮张质量好坏的判定一般以真皮层的致密度、厚度、弹性以及有无缺陷等作为评定指标；另外，动物的品种、年龄、性别及屠宰季节等也会影响到皮张的质量好坏。皮张检疫主要是针对皮张安全性和卫生质量而实施的检查，并同时兼顾到皮张品质的检查。检疫人员须在皮张检疫档案建立健全的前提下，通过感官检验和实验室检验等方法，对皮张做出正确的鉴定并给予恰当的处理。

（一）建立皮张检疫档案

为了切实做好皮张的检疫工作，必须加强对皮张加工单位和个人的监督管理，对于每批皮张的检疫都要有完整的检疫记录，建立健全的皮张检疫档案。

1. 建立皮张检疫档案的目的

1.1　掌握皮张的来源

皮张的来源很复杂，有的来自大中型肉类联合加工厂和中小型屠宰场，有的是从农民、牧民或猎户收购来的;有的皮张来自非疫区,而有的皮张可能来自疫区;有的皮张来自屠宰的健康动物,有的皮张可能来自传染病患畜。所以,待检疫的皮张,有携带重要疫病病原体的危险性。为了掌握皮张的来源,了解皮张来自疫区或非疫区、来自肉联厂或个体户,以便在检疫出疫病时查究和避免无人负责的现象,并且及时而准确地对携带有疫病病原体的皮张进行处理,就必须建立皮张检疫档案。

1.2　掌握疫病发生情况

通过建立皮张检疫档案,可以及时检查、查询皮张检疫状况,掌握疫病的发生情况,以便加强监督管理。皮张经检疫发现异常时,应及时上报动物防疫监督机构,以利于采取有效地兽医防疫措施、进行无害化处理。这些措施是保护消费者健康和防止动物疫病传播的客观要求,也是保障畜牧业生产发展的重要措施。

1.3　监督疫情

通过分析皮张档案材料,为畜牧兽医管理部门和动物防疫监督机构提供重要的流行病学资料和疫情动向,对于有效控制和消灭重要疫病起着监察哨的作用。

2. 皮张检疫档案的主要内容

皮张检疫档案的内容主要包括皮张来源、接收日期、报检单位、报检号、品名、种类、数量、检疫方法及试剂批号、检疫结果、检疫人员等。皮张检疫档案中的主要记录内容如下:

2.1　有关证明和证件的查验

待检疫皮张有无产地检疫证明、非疫区证明、运输证明和消毒证明等,并作详细地记录。

2.2　皮张的来源

通过证明文件和借助询问等方式,弄清待检疫皮张的来源,如来源地(省、市、县、乡)、收购途径(从肉联厂直接购来的,农户、牧民或猎户处收购来的,或是从中间商处购来的)等。

2.3　皮张的品名

写明是什么动物的皮张,如牛皮、猪皮、羊皮、貂皮等。

2.4　皮张的种类

写明淡干皮、盐皮等。

2.5　皮张的数量

按动物种类写清每种皮张的数量(张数)。

2.6　皮张的感官质量

主要通过观察和记录判断皮张是从健康动物剥下来的,还是从病危动物甚至是从死亡动物剥下来的。例如一般正常动物的皮张其肉面不是暗红色、不带或少带皮肌和脂肪,而从病危动物剥来的皮张肉面一般呈暗红色或黑红色且往往带有较多的肉和脂肪。感官质量的初步检查和记录可为进一步检疫提供必要的信息。

检验中如果发现有可疑、阳性或任何非正常的情况时,应立即向相关的动物防疫监督机构报告,并将处理结果及依据记录在案,并派专人负责管理这些资料,及时整理,作为档案保存。

(二)感官检验

感官检验是皮张检疫的重要方法之一,检查内容主要包括:皮张的颜色、洁净度,是否带有皮肌、脂肪、油污、血污、泥土,是否有皮肤疹块,以及有无异味、有无缺陷等,并结合手抓皮张的感觉来判断皮张的厚薄、致密度,以及被毛的附着状态等。各种皮张的基本特征如下:

1. 健康皮张

放血完全的健康动物皮张内面颜色一般为浅淡,没有放血或放血不良的生皮内面则呈暗红色。动物肥瘦的不同,皮张内面的颜色也有差别。上等肥度动物的皮张内面呈淡黄色、中等肥度动物的皮张内面呈黄白色、而瘦弱动物的皮张内面呈蓝白色。盐腌或干燥保存的健康动物皮张,其内面基本保持原有的颜色;剥下后未及时处理、打卷数小时之后再盐腌或干燥的皮张、或在日光直射下干燥的皮张,其内面呈暗色;夏季经暴晒干燥的皮张,内面基本呈黑色。

2. 死皮

从意外死亡或疫病死亡的动物尸体上剥下来的皮张,统称为死皮。其特征是内面呈暗红色,皮肤血管常因充满血液而使内面呈蓝紫色,且往往带有肉和脂肪。

3. 缺陷皮张

根据缺陷形成的不同,分为以下几种:

3.1　生前形成的缺陷

主要包括瘘管、虻眼、癣癞、疮疤、鞍伤、挽伤、鞭伤、角抵伤以及其他器械造成的伤痕等。

3.2　剥皮或加工时形成的缺陷

比较常见的有切割形成的孔洞、切口、削痕以及残留的皮下脂肪等。

3.3　保存不当或运输不当形成的缺陷

皮张加工后,如不正确保存、运输,则会使皮张受潮、变质霉烂或虫蛀而形成严重缺陷。

(三)皮检灯透视检验

皮检灯透视主要检查硬皮部分及腹外侧、腿外侧的皮肤,观察有无疹块及其他病变,以对某些患传染病的动物皮张做出初步诊断。

(四)实验室检验

当借助感官检验无法确认皮张是否来自疑似为患某种传染病的动物时,可采取相关样品送实验室检验,以进行确诊。皮张检疫时,法定用环状沉淀试验进行炭疽杆菌的检验。

初检呈阳性或疑似阳性的皮样,必须复检,方法同初检。若复检样皮呈阳性反应,则判为阳性;若再呈疑似反应,也按阳性皮处理。经检验确定为患某种传染病动物的皮张时,应将反应阳性的皮张及上下相邻的污染皮张挑出,按有关规定处理。

任务三　精液和胚胎检疫

家畜繁殖技术的发展催生了技术的发展。目前,人工授精与胚胎移植工作已在世界上众多国家得以普遍开展,而体外授精、胚胎分割技术的发展促使家畜繁殖技术出现了大的飞跃,这些技术的发展与应用对畜牧业发展有了更大的促进作用。但是,通过精液和胚胎可以传播很多疫病,如果不经过严格检疫和处理,精液和胚胎的贸易就会成为动物疫病传播的重要途径。因此,精液和胚胎的检疫已成为现代动物检疫工作的重要内容之一。

一、家畜精液中可能存在的病原体

(一)家畜精液中可分离到的病原体

家畜精液由于在采集、稀释、分装以及冷冻等生产过程中都有可能被各种微生物所污染,因此,家畜冷冻精液往往并非是一种只含有精子而不含其他任何微生物的物质。实践证明,许多细菌性及病毒性传染病都有可能通过精液来进行传播,因而,要十分重视精液中所存在的各种病原体,严格控制其种类与数量。例如在我国《牛冷冻精液》的国家标准中就明确规定,牛冷冻精液在解冻后应无病原微生物,并且每剂量冻精中细菌菌落数最多不得超过 1000 个。现已发现,在精液中存在的微生物有细菌、病毒、立克次体、衣原体、支原体、真菌、原虫等,大致可分为以下几种:

1. 非特异性病原体

此类病原体大多是来自外源性精液污染,主要是在精液采集、处理、分装、冷冻储藏以及保存容器污染等情况下造成的。这些微生物种类繁多,大多数是非致病性、微弱致病性或条件致病性微生物,如葡萄球菌、链球菌、化脓棒状杆菌、溶血性巴氏杆菌、大肠杆菌、绿脓杆菌、霉菌等,可以通过采取相关措施来进行控制以减少污染。

2. 特异性病原体

2.1 生殖系统专性病原体

如分枝杆菌、副结核分支杆菌、口蹄疫病毒、伪狂犬病病毒、蓝舌病病毒、睡眠嗜血杆菌、牛流行热病毒、副流感3型病毒、白血病病毒等。

2.2 引起流产的非生殖系统专性病原体

如布鲁氏菌、沙门氏菌、钩端螺旋体、李氏杆菌、立克次体、牛病毒性腹泻病毒、弓形虫等。

2.3 生殖器官专性病原体

如胎儿弯曲菌、胎儿毛滴虫、牛传染性鼻气管炎病毒(疱疹病毒Ⅰ型)、牛溃疡性乳头炎病毒(牛疱疹病毒Ⅱ型)、牛细胞巨化病毒(牛疱疹病毒Ⅳ型)等。

(二)几种家畜精液可能存在的病原体

1. 猪精液中可能存在的病原体

口蹄疫病毒、猪水疱病病毒、猪细小病毒、伪狂犬病病毒、腺病毒、日本脑炎病毒、轮状病毒、猪瘟病毒、非洲猪瘟病毒、猪传染性胃肠炎病毒、呼肠病毒、猪细胞巨化病毒、钩端螺旋体、支原体、红斑丹毒丝菌、弓形虫等。

2. 牛精液中可能存在的病原体

牛胎儿毛滴虫、布鲁氏菌、牛分枝杆菌、副结核分枝杆菌、钩端螺旋体、睡眠嗜血杆菌、李氏杆菌、胎儿弯曲杆菌、绿脓杆菌、化脓性棒状杆菌、致病性大肠杆菌、口蹄疫病毒、牛瘟病毒、牛传染性鼻气管炎病毒、牛病毒性腹泻病毒、副流感3型病毒、牛白血病病毒、牛流行热病毒、蓝舌病病毒、牛溃疡性乳头炎病毒、牛细胞巨化病毒、支原体及衣原体等。

3. 羊精液中可能存在的病原体

口蹄疫病毒、羊痘病毒、蓝舌病病毒、裂谷热病毒、绵羊内罗毕病毒、边界病病毒、梅迪/维斯那病毒、布鲁氏菌、放线菌、绵羊流产沙门氏菌、肾棒状杆菌、钩端螺旋体、结核分枝杆菌、副结核分枝杆菌、胎儿弯曲杆菌、李斯特菌、支原体、绵羊流产衣原体、弓形虫等。

二、家畜精液微生物学检验方法

冷冻精液若被微生物污染，会使精子活力降低，生存时间缩短，输精后受胎率很容易降低，并有可能造成胚胎早期死亡或流产。目前已知有几十种病原微生物可以通过精液传播。因此，精液中的微生物常被作为冻精品质好坏判定的一项重要指标。

(一)精液菌落计数法

1. 配制培养基

1.1 稀释培养基

稀释培养基即指缓冲蛋白胨水，其组成成分为：蛋白胨10g、NaCl 5.0g、Na_2

$HPO_4 \cdot 12H_2O$ 9.0g、KH_2PO_4 1.5g，蒸馏水加至1000ml，混匀，分装成3.6ml或9ml至试管中，121℃灭菌20min，备用。

1.2　计数用琼脂培养基

计数用琼脂培养基采用胰蛋白酶大豆琼脂培养基，其组成成分为：Bacto胰胨（酪蛋白胰酶消化物）15.0g、Bacto大豆胨（大豆粉木瓜酶消化物）5.0g、NaCl 5.0g、Bacto琼脂15.0g、无水葡萄糖1.0g，蒸馏水加至1000ml，混匀。

1.3　白琼脂

取9～18g琼脂，用蒸馏水配制成1000ml。

2. 稀释精液

2.1　融解

准备1个加有3.6ml稀释培养基的试管及4个加有9ml稀释培养基的试管。精液样品管置液氮罐中保存待查。取精液样品置37℃水浴融解2min后转移到培养基中，每次须检查2个精液样品。

2.2　稀释

融化后，精液容器外表应迅速干燥，并用70%乙醇或98%～99%异丙醇进行消毒。然后打开细管，把2个精液样品转移到无菌管内，精确量取0.4ml精液，放入加有3.6ml稀释培养基的试管内，即成为10^{-1}的稀释液。旋转式混合均匀，然后准确吸取1.0ml加到已有9ml稀释培养基的试管中，配制成10^{-2}的稀释液，再以此类推配制成10^{-3}、10^{-4}、10^{-5}的稀释液。

2.3　接种和培养

根据精液的污染情况，选择3个适宜稀释度，分别在作10倍递增稀释的同时，即以吸取该稀释度的吸管吸取1.0ml加到9～10cm直径的培养皿中，每个稀释度作两个培养皿，每个培养皿中加入15ml冷却至45℃的计数用琼脂培养基，环形振荡混合，待凝固后将培养皿倒置在37℃温箱中培养48～72h。

2.4　菌落计数和报告

37℃培养48～72h后，取出培养皿，数每个培养皿中的菌落数，并记录每个稀释度培养皿的平均菌落数，最后只选取菌落数在30～30的培养皿的稀释度作为菌落计数的依据，将该菌落数乘以稀释倍数，即为每毫升精液中细菌数量或菌落形成单位，用cfu表示。

2.5　结果判定

在不同国家和不同贸易中，目前一般均以每1ml精液中不超过500或1000个菌落为其符合卫生学的标准。

（二）精液病原微生物的检查

精液病原微生物的检查主要包括规定检查和常规检查这两项内容。规定检查主要是对精液进行规定检疫对象的检查；常规检查主要是指为了证实公畜持续无病而定期进行的的检查。对于牛精液，常规检查一般是检查牛分支杆菌、布鲁氏菌、胎儿弯曲菌等病原体。

三、进口精液、胚胎的检疫程序

凡是从国外进口的精液、胚胎，必须按照我国的规定进行检疫，经检疫合格后才能进境。参照有关精液、胚胎国际贸易标准的规定和要求，对进口精液及胚胎的检疫内容重点介绍如下。

（一）进境前检疫管理

对进境精液、胚胎要进行进境风险分析，主要分析对象是注意出口国有无我国规定应检疫的疫病，尤其是有无 OIE 规定的 A 类疫病和我国目前尚没有发生过的动物疫病。

1. 对供体动物的卫生要求

1.1 对精液供体动物的卫生要求

包括以下几个方面：

（1）出口国在过去 12 个月内，全国应未发生过牛瘟、牛传染性胸膜肺炎、非洲猪瘟、非洲马瘟和蓝舌病。

（2）在出口国人工授精中心周围 100km（千米）内，未见发生外来型口蹄疫；在 30km 内，未见发生普通型口蹄疫。

（3）在人工授精中心饲养的动物，不得感染结核病、副结核病、布鲁氏菌病、滴虫病、弧菌病、钩端螺旋体病、白血病、牛传染性病毒性鼻气管炎或在授精期间由精液传播的其他传染病。

（4）种畜必须是家畜育种协会（家畜育种机构）或其他主管部门登记的纯种。特殊情况下，根据进口国的要求，也可以出售杂种公畜精液，但种畜的家谱和后裔测定结果必须清楚。此外，谱系必须可靠，须由血群分析结果加以证实。在出口国，精液受胎率不得低于 60%。

（5）种畜必须在该国和该中心饲养 6 个月以上。

（6）要求人工授精中心的工作人员不得有结核病患者。

1.2 对胚胎供体动物的卫生要求

胚胎的国际贸易卫生要求比精液还要严格，不仅要对公畜进行检疫，以判断供母畜受精的精液是否符合出口精液的卫生标准，同时还要对供卵母畜进行检疫。对供卵母畜的卫生要求与精液供体动物相同。

此外，在特殊情况下（如买卖双方同意），可以把限度放宽，或根据实际情况，加宽限制范围。我国目前已对进口牛精液的检疫增加了限制范围，增加了对水疱性口炎、病毒性腹泻—黏膜病、鹿流行性出血症、牛结节性皮肤病、牛海绵状脑病及隐性致死基因的限制条件，同时还细致规定了对各种病的检疫方法。

2. 检疫管理

检疫管理包括以下几方面：

(1)与有关出口国家或地区商签从该国(地区)进口某种动物精液、胚胎的检疫议定书。

(2)商定并认可出口国或地区向中国出口动物精液、胚胎的检疫证书的格式、内容、评语及文字。

(3)对出口国家或地区向我国出口动物精液、胚胎的生产、冷冻加工、存放单位进行实地考核。

(4)对国内进口单位进行考查和登记。

(5)检疫审批,办理检疫审批手续。

(二)进境时的检疫程序

1. 受理报检

货主或其代理人,须持以下文件、材料向我国出入境检验检疫局报检：

(1)报检单。

(2)检疫审批单(正本)。

(3)检疫证书。

(4)原产地证书。

(5)贸易合约或捐赠、援助文件等正本。

(6)信用证、发票。

(7)装货清单及其他材料。

上述文件、材料经审核合格的,收取检疫费及相关费用后接受报检或申报。

2. 进境检疫

进境检疫包括以下几方面：

(1)查验货证是否相符,相符者按规定采样进行实验室检验。

(2)对于进口精液和胚胎,检疫机构主要检查精液和胚胎是否携带有我国与进口国双方签订的检疫议定书中规定应检疫的疫病病原体。此外,冷冻精液中不得含有任何大肠菌群类细菌,每剂量精液中的非致病菌菌落数不得超过500个,每剂量精液至少含有活精子1000万个,其中30%精子呈直线前进运动。冷冻胚胎应有完整的透明带。

(3)对经实验室检疫合格的动物精液和胚胎,出具检疫放行通知单;对检疫不合格者,签发检疫处理通知单,并对产品进行销毁处理,由检疫机关进行监督。

(三)进境后的检疫管理

运输部门须凭出入境检验检疫机关签发的检疫放行通知单承运进境精液或胚胎,在运输途中,国内检疫部门凭单放行,不再检疫。

任务四　种蛋的检疫

一、种禽场的防疫要求

(一)孵化场的防疫要求

1. 建立孵化档案

(1)有完整的报表和记录:如生产周报表、生产月报表等。

(2)记录每一批次的受精率、精蛋孵化率、入孵率等。

(3)孵化技术资料归档并保存两年以上。

2. 建立产品质量标准

(1)按照禽种质量标准选择初生雏,不合格者不准出场。

(2)按照当地有关种禽质量和经营服务规定做好售后服务。

3. 健全防疫体系

(1)孵化场必须有一套完整的防疫、消毒制度。

(2)按照孵化流程严格把好入库前种蛋、入孵种蛋、落盘胚胎蛋的消毒。

(3)废弃物应集中收集,经无害化处理。

(4)孵化结束后,孵化装备和出雏室应严格清洗、消毒。

(5)雏禽应按规定接种疫苗。

(6)雏禽应放置于经消毒、垫有专用草纸的塑料雏禽周转箱或一次性专用雏禽纸板箱内发售。

(二)种禽的卫生防疫要求

(1)建立健全有效的卫生防疫制度,能认真贯彻各项有关条例、规定。

(2)严格执行免疫程序,具有免疫检测设备及制度,能有效地控制一、二类传染病的发生。

(3)一旦发生传染病或寄生虫病时,要迅速采取隔离、消毒等防疫措施,并立即报告当地畜禽防疫机构,接受其防疫检查和监督指导。

(4)场内卫生清洁,常年做好消毒工作。

(5)档案信息完整:

① 种禽场实行养殖档案跟踪制度。

② 种禽场应当建立涉及养殖全过程的养殖档案。

③ 做好相关记录:

生产记录:饲养期信息、生产性能信息、饲料信息等。

防疫记录:日常健康检查记录、预防和治疗记录、免疫记录等。

消毒记录:消毒剂种类、生产厂家、批号等。

无害化处理记录。

销售记录:销售日期、数量、质量、购买单位名称、地址、运输情况等。

种禽质量记录:种禽(蛋)出售时的质量、等级等。

(三)种蛋的卫生防疫要求

(1)种蛋必须来自健康的种禽群,应对种禽进行严格的检疫。种禽场应处于非疫区,在近年来未发生过禽流感、新城疫、传染性支气管炎、马立克氏病、鸡白痢、鸭瘟、小鹅瘟、禽白血病、支原体病等传染病。最好是来自无特定病原体(SPF)的种禽场。

(2)种蛋在收集时,收集人员的双手以及盛装种蛋的容器要进行彻底消毒,种蛋在收集后也要进行消毒,以减少蛋表面微生物的污染。包装种蛋的箱、垫料等必须经消毒后才能使用,并要轻装轻放,尽量使种蛋的大头朝上。运载工具要有防雨、防晒等设备,在运输过程中避免强烈震动,以减少各种不利因素对种蛋的影响。

(3)禁止同机孵化不同来源的种蛋,对孵化出的死胚,应送检。

(4)引进种蛋的单位,要具备隔离防疫条件的检疫场所。

二、种蛋常用消毒方法

1. 熏蒸消毒法

所用药物为福尔马林(36%~40%甲醛溶液)。将蛋放在蛋盘上置孵化器内,关闭进出气孔,按每立方米空间应用高锰酸钾 15g 和福尔马林 30ml。先将按计算量称好的高锰酸钾放在瓷盘中,把瓷盘放在孵化器的下面,加入所需要量的福尔马林后迅速关闭孵化器门,30min 后打开门和进、出气孔,开动鼓风机,尽快将烟吹散。

2. 紫外线照射消毒法

将蛋放在杀菌紫外线灯管下约 50cm 处,照射 1min,然后再在蛋的下方照射 1min。

3. 药液浸泡消毒法(药浴)

3.1 高锰酸钾药浴

将蛋放入 0.2%~0.5%的高锰酸钾溶液中,使溶液温度保持 40℃,浸泡 1min,取出、沥干后装盘。

3.2 漂白粉药浴

将蛋浸入含有效氯 1.5%的漂白粉溶液中 3min,取出、沥干后装盘。在整个过程中,注意通风换气。

3.3 抗生素药浴

将孵化 6~8h 的种蛋取出,放置数分钟后,浸入 0.05%的土霉素或链霉素溶液中 15min，取出放孵化室 1～2min，趁蛋壳表面不太干时，放回孵化器内继续孵化。

4. 药液喷雾消毒法

将新洁尔灭配成 0.1%浓度的溶液，喷雾在种蛋蛋壳表面。配制新洁尔灭时，忌与肥皂、碱、高锰酸钾等接触。

三、种蛋的检疫

(一)感官检查

优质种蛋呈标准椭圆形，蛋壳表面有一层霜状粉末，具有各种禽蛋固有光泽；蛋壳表面清洁，无禽粪、无垫料等污物；蛋壳完好无损、无裂纹、无凹凸不平的现象；蛋的大小适中，符合品种标准，一般重量为 55～70g。

(二)灯光透视检查

新鲜种蛋气室小，整个蛋呈微红色，蛋黄呈现暗影浮映于蛋内，如转动种蛋，蛋黄也随之转动，蛋黄上胚盘看不见，蛋黄表面无血丝、血管。

次质蛋、劣质蛋的形态特征：热伤蛋的气室较大，胚胎或未受精的胚珠暗影扩大，但无血环、血丝，蛋白变稀，蛋黄增大、色暗。无精蛋的蛋白稀薄，蛋黄膨大扁平，色淡；死精蛋胚胎周围有微红的血环。孵化 7～10d 的死精蛋，转动蛋时，黑点不动，血管模糊，呈暗红色。孵化 15～17d 的死精蛋，气室明显倾斜，蛋内有死雏。

(三)实验室检疫

新鲜蛋一般不含微生物，但若种禽患某种传染病或种蛋在保存过程中受到污染，则蛋壳表面的微生物会通过表面的气孔进入蛋内，大量繁殖而使蛋变质。蛋中比较常见的微生物有沙门氏菌、大肠杆菌、葡萄球菌、枯草杆菌、禽分枝杆菌、假单胞菌，以及各种厌氧菌、毛霉菌、曲霉菌等。一般须进行沙门氏菌检验，阳性者不能用作种蛋。

四、检疫后处理

(1)种蛋经感官检查、灯光透视检查均合格，应签发检疫证书(如必须做沙门氏菌和志贺氏菌检疫的，应为阴性)。

(2)凡沙门氏菌和志贺氏菌检疫阳性者，不能作种用蛋，可直接供高温蛋制品行业用。

(3)有缺陷的蛋不能作种用蛋(如外形过大、过小、过圆的蛋，存放时间超过 2 周的蛋，灯光透视检查的无黄蛋、双黄蛋、三黄蛋、热伤蛋、孵化蛋、裂纹蛋、陈旧蛋等)。

(4)检疫消毒后于外包装加贴统一规定的消毒封签标志。

项目五　动物及产品市场检疫技术

【项目目标】

知识目标

(1)动物活体市场检疫监督程序;

(2)动物产品市场检疫监督程序;

(3)市场检疫监督发现问题的处理方法。

能力目标

(1)了解市场检疫监督的概念和意义;

(2)熟悉市场检疫监督的程序;

(3)熟悉市场检疫监督发现问题的处理方法。

任务一　动物及产品市场检疫监督

一、动物及产品市场检疫监督的概述

(一)动物及产品市场检疫监督概念

动物及产品的市场检疫监督是指进入市场交易的动物、动物产品所进行的监督检查。通过检疫监督及时发现并防止检疫不合格或依法应当检疫而未经检疫的动物、动物产品进入市场流通,从而维护人体自身健康,保障贸易顺利进行,防止疫病扩散与流行。

(二)动物及产品市场检疫监督目的

市场检疫的主要目的在于保护人、动物的健康,保障市场贸易顺利推进。市场是动物及其产品较为集中的地方,动物与动物之间、人与动物之间及人与人之间容易互相传染疫病。动物及其产品分散到不同地方,极易造成动物传染病的不断扩散与传播。因此做好市场检疫可以有效防止患病动物在市场上的交易,确保动物产品无害,起到保护动物健康生产、保证人类公共卫生安全、促

进经济贸易的效果。同时，市场检疫的效果好坏，直接影响着动物及产品的中转、运输和屠宰动物的发病率、死亡率及经济效益。所以，必须做好市场检疫、管理好市场检疫工作。同时，应当知道集贸市场检疫是产地检疫的延伸和补充，应努力做好产地检疫，把市场检疫变为监督管理，才是做好检疫工作的最佳途径。

二、动物及产品的市场检疫监督分类及要求

（一）动物及产品的市场检疫监督分类

（1）集贸市场检疫监督　指在集镇市场上对出售的动物、动物产品进行的检疫。农村集市多是定期的，如隔日一集、三日一集等，亦有传统的庙会。少量散养的活体动物（家畜、家禽）交易主要在农村集市。

（2）城市农贸市场检疫监督　指对城市农副产品市场各经营摊点经营的动物、动物产品进行检疫。城市农贸市场多是常年性的，活禽的交易主要在城市农贸市场。

（3）边境集贸市场检疫监督　指在我国边境正式开放的口岸市场交易的动物、动物产品进行检疫。目前，我国许多边境省区正式开放的口岸市场，动物、动物产品交易量逐年增多，在促进当地经济发展的同时，畜禽疫病亦会传入我国，必须重视和加强边境集贸市场检疫监督，防止动物疫病的传入和传出。

（4）宠物市场检疫监督、牲畜交易市场检疫监督　指在省、市或县区较大的牲畜交易市场或地方传统的牲畜交易大会上对交易的动物进行检疫，

（5）其他市场检疫监督　如肉类市场检疫监督、皮毛市场检疫监督等。

（二）动物及产品的市场检疫监督要求

1. 动物及产品要有检疫证明

所有进入交易市场交易的动物及产品，畜主或货主必须持有相关的检疫证明、动物防疫证明，并接受市场管理人员和检疫人员的验证检查。无证不得进入市场。当地动物卫生监督部门有权对其进行监督检查。家畜、家禽等在出售前，必须经当地动物卫生机构或其委托的单位，按规定的检疫对象进行检疫，并出具检疫证明。凡无检疫证明或检疫证明过期或证物不符者，由动物检疫人员补检、补注、重检，并补发证明后才可进行交易。凡出售的肉，出售者必须凭检疫合格证明和胴体加盖的合格验讫印的有效期内上市，凡无证、无章者不准出售。

2. 交易市场应禁止出售下列动物及相关产品

如封锁疫点、疫区内与所发生动物疫病有关的动物、动物产品；疫点、疫区内易感染的动物；染疫的动物、动物产品；病死、毒死或死因不明的动物及其产品；依法应当检疫而未经检疫或检疫不合格的动物、动物产品；腐败变质、霉变、生虫或污秽不洁、混有异物和其他感官性状不良的肉类及其他动物产品。

3. 所有动物及产品进行交易应在指定地点进行

凡进行交易的动物、动物产品应在有关单位指定的地点进行交易,尤其是农村集市上活畜的交易。交易市场在交易前、交易后要进行清扫、消毒,保持清洁卫生。对粪便、垫草、污物要采取堆积发酵等方法进行处理,防止疫源扩散。

4. 应建立检疫检验完善的报告制度

任何市场检疫监督,都要建立检疫检验报告制度,按期向辖区内动物防疫监督机构报告检疫情况。

5. 检疫人员应根据职责坚守岗位

市场检疫监督,对检疫员除着装整洁等基本要求外,必须坚守岗位、秉公执法、不漏检。

三、动物及动物产品市场检疫监督的程序和方法

(一)市场检疫监督的程序

市场检疫监督的一般程序是验证查物,对所有的动物及动物产品利用科学的检疫技术对其进行检疫,合格的动物及产品准予交易;不合格的动物及产品应进一步对其检疫并进行科学的后续处理。

(二)市场检疫监督的方法

1. 验证查物

1.1　验证　向畜主、货主索验检疫证明及有关证件。核实交易的动物、动物产品是否经过检疫,检疫证明是否处在有效期内。县境内交易的动物、动物产品查《动物产地检疫合格证明》《动物产品检疫合格证明》,有运载工具的查《动物及动物产品运载工具消毒证明》。出县境交易的动物、动物产品查《出县境动物检疫合格证明》《出县境动物产品检疫合格证明》及运载工具消毒证明,胴体还需查验讫印章。对长年在集贸市场上经营肉类的固定摊点,经营者首先应具备四证,即《动物防疫合格证》《食品卫生合格证》《营业执照》以及本人的《健康检查合格证》。经营的肉类须有检疫证明。

1.2　查物　即检查动物、动物产品的种类、数量,检查肉尸上的检验刀痕,检查动物的自然表现。核实证物是否相符。

1.3　结果　通过查证验物,对持有有效期内的检疫证明及胴体上加盖有验讫印章,且动物、动物产品符合检疫要求的,准许畜主、货主在市场交易。对没有检疫证明、证物不符、证明过期、验讫标志不清或动物、动物产品不符合检疫要求的,责令其停止经营,没收违法所得,对未售出的动物、动物产品依法进行补检或重检。

(三)补检和重检

1. 检疫的方法

动物及产品的市场检疫方法,在力求快速准确的基础上,通常以检疫人员

的感官观察为主，活畜禽结合疫情调查和测体温；鲜肉类视检结合剖检，必要时进行实验室检验。

2. 检疫的内容

主要分两个方面：一活体动物的检疫；二动物产品的检疫。

2.1　活体动物的检疫：向畜主询问产地疫情，确定动物是否来自非疫区。了解免疫情况。观察畜禽全身状态，如体格、营养、精神、姿势等，确定动物是否健康，是否患有检疫对象。

2.2　动物产品的检疫：动物产品因种类不同各有侧重。骨、蹄、角多带有外包装，要观察外包装是否完整、有无霉变等现象。皮毛、羽绒同样观察毛包、皮捆是否捆扎完好。皮张中是否有"死皮"。对于鲜肉类重点检查病、死畜禽肉，尤其注意一类检疫对象的查出，检查肉的新鲜度，检查三腺摘除情况。

四、动物及动物产品市场检疫监督发现问题的处理

动物及动物产品经市场检疫监督后一旦发现问题，应及时妥善地进行处理，处理过程要按照以下几个方面进行：

(1)对补检和重检合格的动物、动物产品准许交易。

(2)对补检和重检后不合格的动物、动物产品进行隔离、封存，再根据具体情况，由货主在动物检疫员监督下进行消毒和无害化处理。

(3)在整个检疫过程中，发现经营禁止经营的动物、动物产品的，要立即采取措施，收回已售出的动物、动物产品，对未出售的动物、动物产品予以销毁，并据情节对畜、货主采取其他处理办法。

任务二　肉及肉制品的检疫

肉品工业和商品学，把除毛或皮、头、蹄、尾和内脏的动物胴体称为肉，包括肌肉、脂肪、骨、软骨、筋膜、神经、血管和淋巴结等多种成分。头、尾、蹄爪、内脏则统称为副产品或下水。

无论哪种动物的肉，其化学组成都包括水、蛋白质、脂肪、矿物质和少量的碳水化合物。肉的营养价值很高，非常适合微生物生长繁殖，在加工、运输、贮藏、销售等过程中，都极易被污染。因此，为了确保肉品的质量，必须做好卫生检验工作。

一、肉在保藏过程中的变化

肉在保藏过程中，在组织酶和外界微生物的作用下，会出现僵硬－成熟－

自溶一腐败等过程的物理变化。在僵硬和成熟两个阶段，肉是新鲜的，而自溶现象一旦出现即标志着肉的腐败变质。

（一）肉的僵硬

又称肉的僵直阶段。是动物宰后肌肉由软变硬的过程。僵直早期的肉呈酸性环境，肌纤维粗糙硬固，肉汁变得不透明，有不愉快的气味，不仅风味不佳而且保水性低，加工肉馅时黏着性差，食用价值及滋味都比较差。

（二）肉的成熟

肉僵直过后，肌肉柔软嫩化，具有弹性，切面富有水分，具有愉快的风味，且易于煮烂和咀嚼，这种食用质量得到改善的过程叫作肉的成熟。这种肉称为成熟肉。

肉成熟时，pH 值较僵硬期略有回升，肌肉亲水性提高，切面湿润，肉汤澄清透明；肌间结缔组织中胶原软化，组织蛋白酶将肌肉中蛋白质分解为小分子的肽或氨基酸，使蛋白质结构松软，易于煮烂和咀嚼，并具有特殊的香气和鲜味；肉表面形成干膜，可防止微生物的侵入和减少干耗。肉在供食用之前，原则上都需经过成熟过程来改进其品质，尤其牛、羊肉，成熟对提高风味是非常有必要的。肉中糖原含量和肉成熟有密切关系。动物宰前休息不足或过于疲劳消耗了肌肉中大量糖原，成熟过程将延缓甚至不出现。此外，肉的成熟速度和程度也与温度、湿度有关系，温度升高，成熟加快，但微生物也容易繁殖，故一般采用低温成熟方法。温度 0～2℃，相对湿度量 86％～92％，空气流速为 0.1～0.5m/s，10d 约 90％成熟，3 周左右基本成熟。因此，10d 以后肉的商品价值高。而在 3℃的条件下，小牛肉和羊肉的成熟分别为 3d 和 7d。

（三）肉的自溶

不合理的保藏条件下，组织蛋白酶活性增强而发生的组织蛋白强烈分解的过程叫自溶。

未经冷却即冷藏、相互堆叠不能及时散热或长时间保持较高温度，就会引起组织自体分解。内脏中的组织酶较肉丰富，且组织结构适于酶类活动，故内脏存放时比肌肉更易发生自溶。

肉的自溶过程主要是蛋白质的分解，除产生多种氨基酸外，还释放出有不良气味的挥发性物质如硫化氢、硫醇等，当硫化氢与血红蛋白结合，形成含硫血红蛋白时，肌肉、脂肪等呈现不同程度的暗绿色，故肉的自溶亦称变黑，但一般没有氨或含量极微。自溶阶段的肉质地松软，缺乏弹性，色泽暗淡无光泽，呈褐红色、灰红色或灰绿色，带有酸味，并呈强烈的酸性反应。硫化氢反应呈阳性，氨反应呈阴性。肉因自溶而具有强烈的异味并严重发黑时，必须经过高温或技术加工后方可食用。如轻度变色、变味，则可将肉切成小块，置于通风处，驱散其不良气味，修割掉变色的部分后食用。

（四）肉的腐败

是指由致腐性微生物及其酶类引起的以蛋白质和其他含氮物质分解为主并产生许多不良产物的过程。肉在成熟和自溶时，为腐败微生物的生长、繁殖提供了良好的营养物质，环境适宜时，微生物大量繁殖，肉中的蛋白质被分解，形成吲哚、甲基吲哚、酚类、腐胺、尸胺、酪胺、组胺、色胺等以及各种含氮的酸和脂肪酸类，最后形成甲烷、氨及二氧化碳等。其中的多种产物，如腐胺、硫化氢、吲哚和甲基吲哚都有强烈的令人厌恶的臭味。胺类具有生理活性，如酪胺具有强烈的缩血管、升血压作用，组胺能引起血管扩张。尸胺、腐胺等胺类化合物都具有一定的毒性。

肉的成熟、自溶和腐败没有绝对界限，是一个连续的过程，但三者又各不相同。肉的成熟过程，主要依赖于糖酵解酶类和无机磷酸化酶的作用，而蛋白分解酶的作用几乎没有或极其微弱；自溶是在组织蛋白酶类催化下，将蛋白质分解为可溶性氮和氨基酸为止，达到平衡状态就再不分解了；腐败是由微生物及其酶类将蛋白质分解为低分子产物，并产生许多有毒有害物。

在肉食品卫生工作中所说的腐败，还包括食品其他成分（如脂类、糖类等）受微生物分解作用，生成甘油、脂肪酸、过氧化物、甲胺类物质和毒蕈碱、神经碱等各类型产物的过程。

肉在任何腐败阶段，对人都是有危险的。不论参与腐败的细菌及其毒素，还是腐败形成的有毒崩解产物，都能引起人的中毒和疾病。因此腐败变质的肉一律禁止食用。

二、肉新鲜度的检验

肉新鲜度的检验主要包括感官性状、腐败产物的特性和数量、细菌的污染程度等三方面。肉的腐败变质受多种因素的影响，是一个渐进性过程。只有采取感官检验和实验室检查相结合，才能比较客观地对肉的新鲜度做出正确的判断。

（一）肉新鲜度的感官检验

肉在腐败过程中感官性状会发生不同程度的变化，如强烈的异味、异常的色泽、黏液的形成、组织结构的溶解等，可借助感官检查，鉴定肉的卫生质量。我国动物食品卫生标准中对各种猪、牛、羊、禽等肉的感官指标有了明确规定（见表1、表2和表3）。肉品鲜度的检验，应在动物肉品的半片胴体上取腿内侧肌或背最长肌100g（被检对象为大的肉块，则采取肌肉100g）进行检验。肉的感官检验简便实用，但有一定的局限性。如眼睛只能分辨1/10mm以上的物体。嗅觉也有一定的限度，处在腐败初期的肉，外观上没有明显的特征；或者由于某些附加因素，使得外表可能为某种现象掩盖而难以得出结论。因此在许多情况下，除了进行感官检验以外，尚须进行实验室检验（包括肉的理化检验和细菌检验）。

表 1　鲜牛、羊、兔肉感官指标

	鲜牛肉、羊肉、兔肉	冻牛肉、羊肉、兔肉
色　泽	肌肉有光泽、红色均匀，脂肪白色或微黄色	肌肉有光泽，红色或稍暗，脂肪洁白或微黄色
组织状态	纤维清晰，有坚韧性	肉质紧密，坚实
黏　度	外表微干或湿润，不粘手，切面湿润	外表微干或有风干膜或外表湿润不粘手，切面湿润不粘手
弹　性	指压后凹陷立即恢复	解冻后指压凹陷恢复较慢
气　味	具有鲜牛肉、羊肉、兔肉固有的气味，无臭味、异味	解冻后具有牛肉、羊肉、兔肉固有的气味，无臭味
煮沸后肉汤	澄清透明，脂肪团聚于表面，且具有香味	澄清透明或稍有浑浊，脂肪团聚于表面，具特殊香味

表 2　鲜猪肉感官指标

	鲜猪肉	冻猪肉
色　泽	肌肉有光泽，红色均匀，脂肪乳白色	肌肉有光泽，红色或稍暗，脂肪白色
组织状态	纤维清晰，有坚韧性，指压后凹陷立即恢复	肉质紧密，有坚韧性，解冻后指压凹陷恢复慢
粘　度	外表湿润，不粘手	外表湿润，切面有渗出液，不粘手
气　味	具有鲜猪肉固有气味，无异味	解冻后有鲜猪肉固有气味，无异味
煮沸后肉汤	澄清透明，脂肪团聚于表面	澄清透明或稍有浑浊，脂肪团聚于表面

表 3　鲜(冻)禽肉感官指标

项　目	指　标
眼　球	眼球饱满、平坦或凹陷
色　泽	皮肤有光泽，肌肉切面有光泽，并由该禽固有色泽
黏　度	外表微干或微湿润，不粘手
弹　性	有弹性，肌肉指压后的凹陷立即恢复
气　味	具有该禽固有气味
煮沸后肉汤	透明澄清、脂肪团聚于表面，具固有香味

(二)肉新鲜度的理化检验

根据《肉与肉制品取样方法》(GB 9695—1988)采样。成堆产品,则在堆放空间的四角和中间设采样点,每点从上、中、下3层取若干小块混为1份样品;零散产品,随机从3～5片胴体上取若干小块混为一份样品,每份500～1500g;半胴体可采取腿内侧肌或背最长肌100g;大的肉块,采取肌肉100g。取样后尽快将样品送实验室,运输过程中必须保持温度合适,样品完好加封,不受损失,成分不变。样品到实验室后尽快分析处理,易腐易变样品应置冰箱或特殊条件下贮存,保证不影响分析结果。

1. 挥发性盐基氮的测定

挥发性盐基氮(TVB—N)是指动物性食品由于酶和细菌的共同作用,在腐败过程中,使蛋白质分解而产生氮以及胺类等碱性含氮物质,如氨伯胺、仲胺、叔胺等,都具有挥发性。因此,测定被检肉中的总挥发性盐基氮,有助于确定肉的质量。我国食品卫生标准规定,猪、牛、羊、禽、兔肉的TVB—N均为≤20mg/100g。

常用的检测方法是半微量定氮法,此法是利用弱碱剂氧化镁使碱性含氮物质游离而被蒸馏出来,用2%的硼酸作为吸收液,用标准酸溶液滴定,最后计算得出含量。

2. 氨的检验

肉类在腐败分解时形成氨和铵盐等物质,且随着腐败程度的加深而相应地增多,可作为鉴定肉类腐败程度的标志之一。氨遇到碱性碘化汞钾试剂(即纳氏试剂)生成黄色的碘化汞氨化合物,有助于判定动物性食品的新鲜度。

新鲜肉氨含量应在20mg/100g以下;当其含量在20～30mg/100g时,可认为处于腐败初期,含量在31～45mg/100g时,应有条件食用;46mg/100g以上则不能食用。

3. 硫化氢试验

肉在腐败时会产生硫化氢,与碱性醋酸铅反应产生黑色的硫化铅,借此可检验肉品是否腐败。

测定方法:醋酸铅试纸法、碘量法。

4. pH的测定

4.1　肉品pH的测定意义　测定肉品的pH可以作为判断肉品新鲜度的参考指标之一。牲畜生前肌肉的pH为7.1～7.2,屠宰后由于肌肉中代谢过程发生改变,肌糖剧烈分解,乳酸和磷酸逐渐聚集,使肉的pH值下降。如宰后1小时的热鲜肉pH值可降到6.2～6.3,经过24小时后,降至5.6～6.0,此pH值在肉品工业中叫排酸值,它能一直维持到肉品发生腐败分解前,新鲜肉的pH一般在5.8～6.8范围之内。肉腐败时,由于蛋白质在细菌、酶的作用下,被分解为氨和胺类化合物等碱性物质,因此肉的 pH 遂之升高。由此可见,肉的 pH 可以表示肉的新鲜度。

4.2 PH 值测定判定依据如表 4 所示,加以判定其新鲜程度。

表 4 肉品新鲜度 PH 测定判定对照表

PH 值	肉品新鲜程度
5.8～6.2	新鲜
6.3～6.6 以上	不新鲜
6.7 以上	变质肉

5. 球蛋白测定试验

肌肉中的球蛋白在碱性环境呈可溶解状态,肉在腐败过程中,由于大量肌碱的形成,环境显著变碱性,因此使肉中球蛋白在制作肉浸液时溶解于浸液中。腐败的越重,球蛋白的数量就越多。测定方法有硫酸铜测定法和乙酸沉淀法。

6. 过氧化物酶的测定

6.1 测定意义 过氧化物酶是正常动物机体中所含若干酶类的一种,这种酶在有受氧(如过氧化氢)体存在时,有使过氧化氢裂解出氧的特性。因为健康牲畜的新鲜肉中经常存在过氧化物酶,而当肉处于腐败状态,尤其是当牲畜宰前因某种疾病使机体机能发生高度障碍而造成死亡或被迫施行急宰时,肉中过氧化物酶含量减少,甚至全无,因此测试此酶可知肉的新鲜程度及屠畜临宰前的健康情况。因此,对肉中过氧化物酶的测定,不仅可以测知肉品的新鲜程度,而且能推知屠畜宰前的健康状况。

6.2 测定原理 根据过氧化物酶能从过氧化氢中裂解出氧的特性,在肉浸液中,加入过氧化氢和某些容易被氧化的指示剂,肉浸液中的过氧化物酶使过氧化氢裂解出氧,使指示氧化而改变颜色。一般多用联苯胺作指示剂。联苯胺被氧化为二酰亚胺代对苯醌,二酰亚胺代对苯醌和未氧化的联苯胺可形成淡蓝绿色的化合物,经过一定时间后变成褐色。所以判定时间要掌握在 3min 之内。

6.3 判定标准:

(1)健康牲畜的新鲜肉 肉浸液在 30～90s 内呈蓝绿色(以后变成褐色)为阳性反应,说明肉中有过氧化物酶。

(2)次鲜肉和变质肉 肉浸液在 2～3min 仅呈现淡青棕色或完全无变化,为阴性反应,说明肉中无过氧化物酶。

(3)如果感官检查无变化,过氧化物酶反应呈阴性,而 pH 值又在 6.5～6.6 之间的,说明肉来自病畜、过劳或衰弱的牲畜。需作进一步的细菌学检查,检查是否有沙门氏菌、炭疽杆菌等。

(三)细菌检验

肉的腐败是由于细菌大量繁殖,导致蛋白质分解的结果。因此,测定细菌含量,可以判断肉的新鲜程度。

1. 采样及处理

根据《食品卫生微生物学检验肉与肉制品检验》(GB4789.17—2003)规定进行微生物学检验的采样。

1.1　生肉与脏器检样

刚屠宰后的畜肉,开膛后,用无菌刀取腿肉或者其他部位之肌肉50g(或劈半后采取两侧背最长肌各50g);冷藏或出售的生肉,可用无菌刀取腿肉或者其他部位肌肉50g。采取后,放入无菌容器,3小时内立即送检,送检时注意冷藏,不得加入任何防腐物质。

1.2　棉拭采样法

一般用10支棉签在$50cm^2$肌肉上揩抹后,放入盛有50ml灭菌水的容器中立即送检。

1.3　家禽

用灭菌棉拭子采胸部和腹部各$10cm^2$、背部$20cm^2$、头部和肛门部各$5cm^2$,共$50cm^2$。或取腿肌(或胸肌)50g送检。

2. 送检

肉和肉制品的检样,采集后应放入规定的保存液,不得污染和影响样品的理化性状。

几种细菌检样的保护液及其配方分别为:

(1)1%无菌柠檬酸钠水溶液

(2)0.2%蛋白胨水　蛋白胨1.0g,蒸馏水1000ml,调pH6.8±0.2,121℃高压灭菌15min。此方法最常用。

(3)0.5%蛋白胨水　蛋白胨5.0g,蒸馏水1000ml,调pH6.8±0.2,121℃高压灭菌15min。

(4)Cary-Blair氏送样介质　硫乙醇酸钠1.5g,磷酸氢二钠1.1g,氯化钠5g,依次加入990ml蒸馏水中,再加优质琼脂粉5g,加热至溶液清澄,使冷至50℃,加1%氯化钙溶液9ml,摇匀,调整pH到8.4,以7ml量分装于9ml无菌的有螺旋盖的小瓶内。流通蒸气灭菌15min,冷凉并旋紧盖子。用于厌氧性细菌采样拭子的送递用。左管棉拭的柄插入于橡皮塞中,以后置于装备有螺旋盖的试管内,管内充以CO_2或NO_2;已采样的拭子,插入贮有Cary-Blair送样介质的管内送检。采取的样品,分别用清洁油纸包好或装在清洁容器内,立即贴上标签,迅速送检,并附送检单。送检单应注明采样时间、牲畜种类、采样部位、感官、检验记录、送检原因和要求等。

3. 检样的处理

3.1 生肉和脏器检样 先将样品放入沸水中烫或烧灼3～5s,进行表面灭菌,再用无菌剪刀剪取检样深层肌肉25g,放人灭菌乳钵内,研磨碎,加灭菌水225ml,混匀后制成1:10稀释液。

3.2 棉拭子 检验前用力振荡试管,把棉拭子上的细菌振落于盐水中,以此作为原液,再按要求进行10倍递增稀释。

三、冷冻肉的卫生检验

为了保证冻肉的卫生质量,无论是在冷却、冻结、冻藏过程中,还是解冻及解冻后,都必须进行卫生监督与管理。因此,无论是生产性冷库还是周转性冷库,都必须配备一定的卫生检验人员,健全检验制度,做好各种检验记录,并对冷库进行卫生管理。

(一)肉冷冻的卫生要求

1. 肉的冷却

指将刚刚屠宰解体后的胴体(热鲜肉),用人工制冷的方法,使其最厚处的深层温度达到0～4℃的过程。

1.1 肉冷却的意义

(1)降低肉中酶的活性,延长肉的僵直期、成熟期,降低微生物生长繁殖速度。

(2)冷却环境中肉的表里温差大,肉表水分蒸发形成干膜,阻止微生物生长繁殖,并减少了干耗。

(3)延缓肉的理化和生化变化过程,保持肉的颜色和新鲜度。

(4)冷却是对肉的预处理,符合加工某些肉制品的原料要求。

1.2 肉冷却的卫生要求

(1)冷却室入货前保持清洁,必要时进行消毒。

(2)吊轨上胴体尽量不接触,减少污染。

(3)不同级别肥度、不同种类的肉分别冷却。

(4)平行轨道上,按“品”字形排列,保证空气流通。

(5)冷却时,尽量减少开门和人员出入,以维持稳定的冷却条件,同时也减少微生物污染。

(6)冷却室内安装紫外线灯以杀菌。

(7)控制温度、湿度和空气流速。

1.3 肉冷却的方法

目前国内采取的冷却方法主要有一段冷却法、两段冷却法、超高速冷却法和液体冷却法。

(1)一段冷却法　用0℃或略低一种空气温度冷却肉的方法。

(2)两段冷却法　先用－10～－15℃冷却，使肉的温度快速降低，然后用0～－2℃继续冷却的方法。

(3)超高速冷却法　用－30℃使肉的温度迅速降低。

(4)液体冷却法　把肉用冷水浸泡或喷洒后再冷却的方法。

1.4　冷却肉在贮藏期间的变化

(1)变软　由于冷却时的僵硬和成熟，肉的坚实度发生变化，随着保存时间的延长，出现胶原纤维软化和膨胀而导致肉变软。

(2)变色　肉中肌红蛋白和血红蛋白与空气中的氧作用，肉的颜色先变成鲜红色，随后变暗，略带棕褐色。

(3)干耗　肉的水分蒸发，导致胴体重量减轻。

(4)形成干膜　冷却时空气流动和胴体表面水分蒸发，造成胴体表面蛋白质浓缩和凝固，在肉的表面形成一层干燥的覆盖物。

2. 肉的冻结

肉中的水分全部冻成冰，深层温度降至－15℃以下。称为冻结肉或冷冻肉。

优点：能有效阻止细菌生长繁殖而长期保存。

缺点：色、香、味较鲜肉和冷却肉差。

2.1　肉的冻结方法　有一次冻结法、两步冻结法和超低温一次冻结法。

(1)一次冻结法　肉在冻结时不经过冷却，风凉后，直接放进冻结间，吊挂在此－23℃下冷冻。

(2)两步冻结法　鲜肉先冷却，而后吊挂在－23℃库中冷冻

(3)超低温一次冻结法　直接放入－40℃冷库中冻结。

2.2　肉的冻结过程

(1)第一阶段　从肉的初温冷却到冰点，肉内的组织液、细胞质等液体成分都呈胶体状态，温度达－1～－1.5℃时，开始形成冰晶。

(2)第二阶段　温度从冰点降至－5℃，约有60%～80%的水分形成冰晶，肉在－4℃以下时缓慢结冻，肌细胞的水游离出来到细胞周围结缔组织中形成较大的冰晶。

(3)第三阶段　温度从－5℃继续下降，结冰很少，快速降至冷藏温度。

2.3　肉的冷冻贮藏

冻结后的肉要放入冷藏库内冻藏，才能长期保存。目前我国主要是半胴体和分割肉的小包装冷藏两种。

2.3.1　冷冻肉的保存期。取决于温度、入库前的质量、种类、肥度等因素。国际制冷学会对冻结肉类保藏期有专门规定。

2.3.2　冷藏冻肉的卫生要求

(1)掌握安全贮藏期,先进先出,经常检查质量。

(2)堆垛冷藏,肉垛与墙壁、垛与垛间保持一定距离,垛底加垫料,不与地面接触,保持通风。

(3)冷库温度低于－18℃,升降不超过1℃,湿度为95%左右,空气流速处于自然循环状态。

(4)外地调运的冻结肉,肉中心温度低于－18℃可直接入库,高于－8℃须以过复冻后再入库,不宜久存。

2.3.3　冻结肉冷藏中的变化

(1)干耗　肉类在冻结保藏中,水分也会蒸发使肉重量减轻。

(2)脂肪氧化　肉中脂肪组织与空气接触会缓慢氧化,出现不良的气味和滋味,外观出现黄点至脂肪组织整体变黄,严重时出现强烈的酸味。

(3)颜色变化　冻肉颜色从表到里,由鲜红变成褐色。颜色变化受温度影响,温度越高,变化越明显。

3. 冻结肉的解冻

解冻是冻结的逆过程,解冻过程中流失的汁液越少,肉品的质量越佳。一般分为空气解冻、流水解冻、真空解冻和微波解冻等。

3.1　空气解冻

利用空气和水蒸气的流动使冻肉解冻。

(1)缓慢解冻。先在0℃的空气中解冻,随后温度升高至6～8℃,使肉的内部温度缓慢升至2～3℃。

(2)在20℃以下的室温下,用送风机使空气循环,促使肉品迅速解冻。速度快,但营养物质流失多。

3.2　流水解冻

利用流水浸泡的方法使冻肉解冻。解冻速度快,但肉中可溶性营养物质流失较多,且易被微生物污染。

3.3　真空解冻

冻肉挂在密封的钢板箱中,用真空泵抽气,然后利用低温蒸汽使冻肉解冻。解冻快,营养流失少,但需要大量的设备和能量。

3.4　微波解冻

利用微波照射冻肉,造成肉内分子震动或转动而产生热量使肉解冻。解冻速度快,但耗电多而费用高。

(二)冷冻肉的卫生检验

1. 肉的接收与检验

生产性冷库是肉类联合加工厂的一个组成部分。畜禽经屠宰加工后,除了当日上市鲜销和卫生检验不合格者外，其余部分都要经过生产性冷库进行冷冻加工。由于鲜肉的质量直接关系到冷冻加工后冻肉的质量，故生产性冷库的兽医卫生检验是非常重要的一环。

鲜肉在入库前，卫生检验人员要事先检查冷却间、冻结间的温度和湿度，查看库内工具的卫生情况，如挂钩、撑档、冷藏盘、吊轨滑轮和库内小车，防止有尘污、铁锈和滴油的现象。清理库壁和管道上的结霜，冷却间内不能有霉菌生长。入库的鲜肉应盖有清晰的检验印章。只有适于食用的鲜肉，才能作为冷冻加工的原料。加工不良和需要修整的胴体和分割肉，要退回屠宰加工和分割肉车间返工，符合卫生和质量要求后才能进行冷冻加工。胴体在冷却间和冻结间要吊挂，胴体或冷盘之间要保持一定的距离，不能相互接触。要禁止有气味的商品和肉混在一起冷冻和冷藏，以防冻肉吸附上异味。

2. 冻肉调出和接收时的检验

生产性冷库调出冻肉时，卫生检验人员要进行监督，检查冻肉的冷冻质量和卫生状况，检查运输车辆的清洁卫生状况，将冻肉装上车辆后，要关好车门，加以铅封，开具检验证明书后放行。

周转性冷库的兽医卫生检验人员，要检查运肉车辆的铅封和兽医检验证明书，对运输来的冻肉进行质量检验。在敲击检验中发音清脆、肉温低于－8℃的为冷冻良好；发音低哑钝浊，肉温高于－8℃的为冷冻不良。检验人员还应查看印章是否清晰，冻肉中有无干枯、氧化、异物、异味污染、加工不良、腐败变质和疾病漏检等情况，并按检查结果填写入库检验原始记录表和商品处理通知单。入库检验原始记录表应记明车船号、到埠时间、卸货时间、发货单位、品名、级别、数量、吨位、肉温、质量情况及存放冷库的库号和货位号。冻肉堆码完毕后应填写货位卡，注明品名、等级、数量、产地、生产日期、到货日期等，挂在货位上。对于冷冻不良的冻肉要立即进行复冻，并填写进库商品给冷通知单，通知机房给冷。复冻的产品要尽快出库，不得久存。对于不卫生的冻肉要提出处理意见，分别处理，并做好记录，发出处理通知单，不准进入冷库。

3. 冻肉在冷藏期间的检验

(1)在冷藏期间，兽医卫生检验人员要经常检查库内温度、湿度、卫生情况和冻肉质量情况。发现库内温、湿度有变化时，要记录好库号和温、湿度，同时抽检肉温，查看有无软化、变形等现象。已经存有冻肉的冷藏间，不再装鲜肉或软化肉，以免原有冻肉发生软化或结霜。冷藏间加装鲜肉不仅影响冻肉质量，同时也会破坏库房建筑结构。

(2)冷藏间内要严格执行先进先出的制度，以免冻肉贮藏过久而发生干枯和氧化。靠近库门的冻肉易氧化变质，要注意经常更换。

(3)兽医卫检人员在检查后，要按月填报冻肉质量情况月报表，反映冻肉质量情况。注意各种冷藏肉的安全期，对临近安全期的冻肉要采样化验，分析产品质量，防止冻肉干枯、氧化或腐败变质。根据我国商业系统的冷库管理试行办法，各种肉的冷藏安全期见表5。

表5　冻结肉的冷藏安全期

品　名	库房温度(℃)	相对湿度(%)	安全期(月)
冻猪肉	－15～－18	90～95	7～10
冻牛、羊肉	－15～－18	90～95	8～11
冻禽、冻兔肉	－15～－18	90～95	6～8
冻鱼肉	－15～－18	90～95	6～9
内脏	－15～－18	90～95	3～4

4. 冻肉的检验

解冻肉的检验可分为感官检验、微生物检验和理化检验3方面，主要检测菌落总数、大肠菌群和肉的新鲜度。

5. 低温保藏肉异常现象及处理

(1)发黏　多发生于冷却肉，胴体相互接触，降温较慢，通风不良等导致细菌生长繁殖，并在肉表面形成黏液样的物质。早期无腐败现象时，经洗净风吹后发黏消失，可以食用，或修割去表面发黏部分后食用；一旦有腐败现象，则禁止食用。

(2)异味　指出现腐败以外的污染气味，如鱼腥味、氨味、汽油等。若异味较轻，修割后做煮沸试验，无异常气味者，可食用。

(3)脂肪氧化　畜禽生前体况不佳、加工卫生不良、冻肉存放过久或日光照射等影响，脂肪变为淡黄色、有酸败味者称为脂肪氧化。若氧化仅限于表层，可将表层削去作工业用；深层经煮沸试验无酸败味者，可供加工后食用。脂肪氧化严重的冻肉作工业用。

(4)盐卤浸渍　冻肉在运输过程中被盐卤浸渍，肉色发暗、尝有苦味，可将浸渍部分割去，其余部分高温后食用。

(5)发霉　霉菌在肉表面生长，形成白点或黑点。小白点是由肉色分枝孢菌所引起，多在肉表面，很像石灰水点，抹去后不留痕迹，可供食用；小黑点是由蜡叶芽枝霉引起，如黑点不多，可修去黑点部分供食用。其他如青霉、曲霉、刺枝霉、毛霉等也可在肉表面生长，形成不同颜色的霉斑，应根据发霉轻重供加工后食用或作工业用。

(6)深层腐败　常见于冷却肉的股骨附近的肌肉，大多数是由厌气芽孢菌引起的。这种腐败由于发生在深部，检验时不易发现，必要时可采用扦插法检查。因此,必须注意加工卫生,宰后迅速采取冷却,可以减少这种损失。深层腐败肉,不能食用,应将变质部分彻底修割后,经高温处理再利用。

(7)干枯 存放过久,特别是反复融冻,冻肉中水分丧失过多、肌肉外观色泽深暗、表层脱水形成海绵状成为干枯。轻度干枯,经修割后可食用;严重干枯,形如木渣者,营养价值低,不能供食用。

(8)发光 在冷库中常见肉上有磷光,这是由一些发光杆菌所引起的。肉有发光现象时,一般没有腐败菌生长;有腐败菌生长时,磷光便消失。发光的肉经卫生消除后可供食用。

(9)变色 肉的变色是生化作用和细菌作用的结果,肉出现黄、红、紫、绿、蓝、褐、黑等各种颜色,无腐败现象,进行卫生清除和修割后可食用。

(10)氨水浸湿 冷库氨泄漏,肉被氨水浸湿,解冻后肉组织松弛或酥软变化,则应废弃;程度较轻,经流水浸泡,用纳氏法测定,反应较轻的可供加工食用。

(三)冷库的卫生管理

1. 冷库建筑设备的卫生

(1)防鼠 地基、四周应有防鼠设备。

(2)防霉 内墙用防霉材料,防霉菌生长繁殖。

(3)设备卫生。

2. 保持冷库卫生

主要是先进先出,经常清扫。

3. 消毒与防霉

冷库经常进出食品,极易被微生物污染、发出不良气味。因此,要定期消毒,防止霉菌等病原微生物生长繁殖。

四、熟肉制品卫生检验

熟肉制品是指将原料经过选料、初加工、切配以及蒸煮、酱卤、烧烤等工艺处理,食用时不必再经加热烹调的肉制品。熟肉制品是直接入口的食品,制作和检验时的卫生要求和卫生标准比非熟制品严格。

(一)熟肉制品的加工卫生

(1)原料肉必须是经过严格卫生检验合格的。

(2)加工场地、用具、容器及包装材料要清洁卫生,加工用具必须生熟分开。

(3)加工过程要对原料、半成品、成品定期采样化验,每一批都要检验合格方可出厂。

(4)注意运输、销售过程的卫生管理,防止污染。

(5)除脱水制品外,应随产随销,当天销完,隔夜都需回锅加热。

(6)生产销售人员应定期体检,不得有传染病,并经常保持个人卫生。

(二)熟肉制品的卫生检验

1. 感官检查

主要检查其外表和切面的色泽、组织状态、气味等,判定有无变质、发霉、发黏及污物沾染等。夏秋季节,还要注意有无苍蝇停留的痕迹及蝇蛆。

2. 实验室检验

主要进行细菌菌落总数、大肠菌群数、致病菌检验、亚硝酸盐的残留量及水分含量测定。

3. 各类熟肉制品的卫生标准

3.1 烧烤类肉品 是指经兽医卫生检验合格的猪肉、禽肉类加入调味料经烧烤而成的熟肉制品。

(1)感官指标

烧烤猪、鹅、鸭类:肌肉切面鲜艳发光、微红色,脂肪呈浅乳白色(鹅、鸭浅黄色)。

叉烧类:肌肉切面微赤红色,脂肪白而透明、有光泽。

(2)细菌指标

细菌总数出厂≤5000cfu/cm^3;销售≤50000cfu/cm^3。

大肠菌群出厂≤50MPN/100cm^3;销售≤100MPN/100cm^3。

致病菌(指肠道致病菌和致病性球菌)出厂不得检出、销售不得检出。

3.2 其他熟肉制品 灌肠类、酱卤肉类、肴肉、肉松等熟肉制品,均有相应的国家标准的感官指标、细菌指标,有的还有理化指标的规定。

(1)感官指标 要求具有符合本产品特征的外观、性状和组织结构,无异味、异臭、腐败及酸败味。

(2)细菌指标

肉灌肠 细菌总数 出厂≤20000cfu/g;销售≤50000cfu/g。

大肠菌群 出厂≤30MPN/100cm^3;销售≤30MPN/100cm^3。

致病菌 出厂不得检出;销售不得检出。

酱卤肉类 细菌总数 出厂≤30000cfu/g;销售≤80000cfu/g。

大肠菌群 出厂≤150MPN/100cm^3;销售≤150MPN/100cm^3。

致病菌 出厂不得检出;销售不得检出。

肴肉 细菌总数 出厂≤30000cfu/g;销售≤50000cfu/g。

大肠菌群 出厂≤150MPN/100cm^3;销售≤150MPN/100cm^3。

致病菌 出厂不得检出;销售不得检出。

肉松 细菌总数 出厂≤30000cfu/g;销售≤50000cfu/g。

大肠菌群 出厂≤40MPN/100cm^3;销售≤40MPN/100cm^3。

致病菌 出厂不得检出;销售不得检出。

(3)理化指标 灌肠类、肴肉类的亚硝酸盐(mg/kg,以 $NaN0_2$计)≤30;太仓式肉松的水分含量不得超过20%；福建式肉松不得超过8%。

五、腌腊肉制品的卫生检验

腌制是肉制品生产中的一种加工方法，也是一种保藏手段，既是腌制品独立的工艺过程，又是某些肉制品加工中的一个环节。肉的腌制是用食盐或以食盐为主并添加香料进行加工处理，因而食盐就成为腌制肉品加工中的重要配料。

(一)腌腊制品的加工卫生：

(1)原料必须卫生合格。必须来自健康动物，并经兽医卫生检验合格，甲状腺、肾上腺、病变淋巴结等有害腺体必须切除。

(2)肠衣、盐、食品添加剂等辅、佐料必须卫生，硝盐必须严格限量。

(3)制品室要定期清扫、消毒、防蝇、防鼠、防虫、防潮、防霉，保持清洁卫生。

(4)工作人员定期体检，无传染病或手部感染。

(二)腌腊制品的卫生检验

1. 感官检验　常用看、扦、斩、煮、查的方法进行。

(1)看　从表面和切面观察腌腊制品的色泽和硬度，以鉴别其质量好坏。方法是从腌肉桶(或池)内取出上、中、下三层有代表件的肉，察看其表面和切面的色泽和组织状态，是否发霉、破裂、虫蚀，有无异物或黏液附着。

(2)扦　检测腌肉深部的气味，用特制竹签刺入制品的深部，一般多选择在骨骼、关节附近插入，拔出后立即嗅闻气味，评定是否有异味或臭味。在第二次插签前，擦去签上前一次沾染的气味或另行换签，当连续多次嗅闻后，嗅觉可能麻痹失灵，故经一定操作后要有一定的间隙，以免误判。

(3)斩　即切，是在看和扦的基础上，对内部质量发生疑问时所采用的辅助方法。

(4)煮　必要时还可以把腌腊肉切成块状放入水中煮沸，以嗅闻和品评腌腊肉，以及其他制品的气味和滋味。

(5)虫害检查　各种腌腊肉品，特别是较干的或回潮黏糊的制品，在保藏期间，容易出现各种虫害，常见有酪蝇、火腿甲虫、红带皮蠹、白腹皮蠹、火腿螨、火腿蝇和齿蠊螨等。

为了发现上述害虫，可于黎明前在火腿、腊肉等堆放处静听和观察，有虫存在时常发出沙沙声，若发现成虫则可能有幼虫存在；对于蝇蛆的检查，主要是利用白天注意有无飞蝇逐臭现象，若有则表示制品可能有蛆存在，此时可翻堆进一步查明。对于上述甲虫除敲打驱逐外，可用植物油封闭虫眼，对有蝇蛆者可将制品再次投入卤池，全部浸没于卤水之中，蝇蛆则很快致死漂浮。此外，也可以使用除虫菊酯喷洒仓库墙壁以灭虫。

日前已制定国家感官检验卫生标准的五种常见腌腊肉品有：广式腊肉(表

6)、火腿(表7)、板鸭(咸鸭)(表8)、咸猪肉(表9)、香肠(腊肠)、香肚(表10)和西式蒸煮、烟熏火腿(表11)。

表6　广式腊肉感官指标(GB 2730—81)

	一级鲜度	二级鲜度
色泽	色泽鲜明,肌肉呈鲜红色或暗红色,脂肪透明呈乳白色;	色泽稍淡,肌肉呈暗红色或咖啡色,脂肪呈乳白色,表面可以有霉点,但抹后无痕迹;
组织状态	肉身干爽、结实;	肉身松软
气味	具有广式腊肉固有气味	风味略减,脂肪有轻度酸败味

表7　火腿感官指标(GB 2731—88)

	一级鲜度	二级鲜度
色泽	肌肉切面呈深玫瑰色或桃红色,脂肪切面呈白色或微红色,有光泽;	肌肉切面呈暗红色或深玫瑰色,脂肪切面呈白色或淡黄色,光泽较差;
组织状态	致密而坚实,切面平整;	较致密而稍软,切面平整;
气味和煮熟尝味	具有火腿特有香味,或香味平淡;尝味是盐味适度,无其他异味	稍有酱味或豆豉味;尝味时允许有轻度酸味

表8　板鸭(咸鸭)感官指标(GB 2732—88)

	一级鲜度	二级鲜度
外观	体表光洁,黄白色或乳白色,咸鸭有的呈灰白色,腹腔内壁干燥有盐霜,肌肉切面呈玫瑰红色;	体表呈淡红色或淡黄色,有少量油脂渗出,腹腔潮湿有霉点,肌肉切面呈暗红色;
组织状态	肌肉切面致密,有光泽;	切面稀松,无光泽;
气味	具有板鸭固有的气味;	皮下及腹内脂肪由哈喇味,腹腔有腥味或轻度霉味;
煮沸后肉汤及肉味	方向,液面有大片团聚的脂肪,肉嫩味鲜	鲜味较差,有轻度哈喇味

表9　咸猪肉感官指标(GB 10137—88)

	一级鲜度	二级鲜度
外观	外表干燥清洁;	外表稍湿润、发粘,有时有霉点;
组织状态及色泽	肉质紧密结实,切面平整,有光泽,肌肉呈红色或暗红色,脂肪切面白色或微红色;	肉质稍软,切面尚平整,光泽较差,肌肉呈咖啡色或暗红色,脂肪微带黄色;
气味	具有咸肉固有气味	脂肪有轻度酸败味,骨组织周围有酸味

表 10　香肠(腊肠)、香肚感官指标(GB 10147—88)

	一级鲜度	二级鲜度
外观	肠衣(或肚皮)干燥且紧贴肉馅,无粘液及霉点,坚实而有弹性;	肠衣(或肚皮)稍有湿润或发粘,易于肉馅分离,但不宜撕裂,表面稍有霉点,但抹后无痕迹,发软而无韧性;
组织状态	切面坚实;	切面齐,有裂隙,周缘部分有软化现象;
色泽	切面肉馅有光泽,肌肉灰红或玫瑰红色,脂肪白色或微带红色;	部分肉馅有光泽,即肉深灰或咖啡色,脂肪发黄;
气味	具有香肠固有气味	脂肪有轻微酸味,又是肉馅带酸味

表 11　西式蒸煮、烟熏火腿感官指标(GB 13101—91)

项目	指标
外观	外表光洁,无粘液,无污垢,无破损;
色泽	呈粉红色或玫瑰红色,色泽均匀一致;
组织状态	组织致密有弹性,无汁液流出,无异物;
滋味和气味	咸淡适中,无异臭,无酸败味

2. 实验室检查　腌腊制品中的微生物不易生存和繁殖,在实践中,腌腊制品可能出现的质量问题主要是食盐含量过高、亚硝酸盐的残留量过高或某些品种含水量过高,以及在保存过程中发生的脂肪氧化酸败和霉变。因此腌腊制品的实验室检测项目主要有亚硝酸盐含量、硝酸盐含量、食盐含量、水分含量及酸价、过氧化物等(表 12)。

表 12　腌腊制品的理化指标

项　目	指　标
水分,g/100g	
灌肠制品、腊肉≤	25.0
非烟熏板鸭　≤	48.0
烟熏板鸭　≤	35.0
过氧化值(以脂肪计),g/100g	
火腿　≤	0.25
腊肉、咸肉、灌肠制品≤	0.50
非烟熏、烟熏板鸭　≤	2.50

（续表）

项 目	指 标
酸价（以脂肪计），mgKOH/g 灌肠制品、腊肉、咸肉≤ 非烟熏、烟熏板鸭 ≤	 4.0 1.6
三甲胺氮，mg/100g 火腿≤	 2.5
苯并(a)芘[a]，ug/kg≤	5
铅(Pb)，mg/kg ≤	0.2
无机砷，mg/kg ≤	0.05
镉(Cd)，mg/kg≤	0.1
总汞(以 Hg 计)，mg/kg≤	0.05
亚硝酸盐残留量	按 GB2760 的规定执行
[a]仅适用于经烟熏的腌腊肉制品	

3. 卫生评价

(1)腌腊肉品感官指标应符合一级和二级鲜度要求，变质的必须销毁，不得销售。

(2)亚硝酸盐超过国家卫生标准的，不得销售食用，作工业用或销毁。

(3)腌腊肉品的水分、食盐、酸价、挥发性盐基氮等各项理化指标均应符合国家标准，否则不得上市销售。

(4)表层有发光、变色、发霉，但无腐败变质现象者，进行卫生清除或修割后可供食用。

(5)香肠、香肚的肉馅中发现蝇蛆、鼠粪；火腿、板鸭等深部有虫蚀者，不得食用。

六、肉类罐头的卫生检验

罐头食品是经杀菌并在一定真空条件下保藏的食品。罐头食品因其具有耐长期保存、容易运输、便于携带、食用方便等优点，是野外作业人员和旅游者最理想的食品。

(一)肉类罐头加工的卫生要求

肉类罐头有不同的种类和规格，不同厂家加工方法也不相同，但一般的生产工艺流程都是如下：

原料验收──→原料处理──→预热处理──→装罐──→排气──→密封──→灭菌

⟶冷却⟶保温检验⟶包装⟶入库。

1. 原料验收与处理的卫生要求

(1)原料肉须来自非疫区的健康动物,卫检合格。

(2)原料肉应保持清洁卫生,不得乱放和接触地面。经处理的原料肉不得带有淋巴结、大血管、爪甲等。

(3)辅佐料符合卫生标准,无发霉、长虫、腐败变质。

(4)原料肉预煮后须迅速冷却,以防细菌繁殖。

2. 防止交叉感染

(1)加工过程中,原料、半成品、成品等处理工序分开,防止互相污染。

(2)工作人员调换岗位,必须更换工作服、洗手、消毒。

3. 罐头容器的种类及卫生要求

(1)金属罐 内壁涂料必须抗腐蚀,无毒无异味,能耐灭菌时的高温。

(2)玻璃罐 玻璃化学性质稳定,经济实用,但易碎,不易长期保持密封性能。

(3)软罐头 通常由3、4层薄膜复合而成,现应用较多。

4. 装罐与封罐

(1)装罐 随时挑出不合格肉块和杂物,注意保持封口处清洁。

(2)封罐 一般采用真空封罐机,保证真空度。

5. 杀菌

一般采用高温灭菌,保证足够的压力和时间。

6. 保温试验

从杀菌锅中取出迅速冷却至37℃,保温5~7天,逐个敲击和观察,对杀菌效果和产品质量再次检查,剔除不合格的。

(二)肉类罐头加工的卫生检验

肉罐头的检验项目主要有感官检查、物理检验和细菌学检验等。

1. 感官检验

1.1 外观检验

① 看标签是否符合国家规定,查看生产日期和保质期;

② 查底部和盖子处有无膨听现象;

③ 撕下商标,观察外表是否清洁,接缝及卷边有无漏水、透气、汤汁流出及罐体有无锈斑及凹陷。

1.2 密封性检查

一般采用放入热水中看是否冒气泡的方法检查卷合槽及接缝处有无漏气小孔。检查时将商标纸除去、洗净,放入加热至85℃的热水中3~5min,水量应为罐头体积的4倍以上,水面应高出罐头50cm。放置期间,如罐筒的任何部位出现气泡，即证明该罐头密封性不良。

1.3 真空度测定

罐头的真空表是指罐内气压与罐外气压的差数，常用真空表测定。测定时，右手的拇指和食指夹持真空表，以其下端对准罐盖中央，用力下压空心针刺穿罐盖，按表盘指针读取真空度。注意针尖周围的橡胶垫必须紧贴罐盖，以防空气进入罐内。各类罐头的室温下真空度应为24～50.66kPa。

1.4 容器内壁检验

主要查看罐底及底盖内壁有无腐蚀、涂膜有无脱落、有无铁锈或硫化铁斑点。

1.5 内容物检查

(1)检查组织形态是否完整，是否符合标准。

(2)查看内容物固形物的色泽是否符合标准要求，检查汤汁的澄清度。

(3)闻气味、尝滋味，是否正常。

(4)检查是否有杂物。

2. 理化检验

肉类罐头种类较多，所需原料和加工工艺差别很大，所以理化检验项目不尽相同，一般进行净重、食盐含量、重金属含量、亚硝酸盐残留等检测。

2.1 挥发性盐基氮测定 以此对罐头食品进行新鲜度的卫生评价和处理。

完全新鲜的肉类罐头 ≤15mg/100g

次新鲜者 ≤25mg/100g

2.2 重金属含量检测 罐头食品的重金属污染主要通过与各种金属加工器械、管道、容器和工具的接触而产生。我国规定，肉类罐头食品中重金属的允许含量为：

锡(以Sn计)≤250mg/kg；

铜(以Cu计)≤10mg/kg；

铅(以Pb计)≤2mg/kg。

3. 微生物检验

按国家规定，主要检验沙门氏菌属、志贺菌属、葡萄球菌、链球菌、肉毒梭菌、魏氏梭菌等能引起食物中毒的病原菌。

4. 肉类罐头的卫生标准

我国食品卫生标准(GB 13100—1991)规定，罐头的感官指标为：容器密封完好，无泄漏、无胖听。容器外表无锈蚀，内壁涂料无脱落；内容物具有该品种罐头食品应有的色泽、气味、滋味、组织和形态。理化指标主要包括净重、固形物、亚硝酸钠残留量及重金属含量等项(表13)。

表 13 肉类罐头重金属含量指标表

项 目	指 标
砷(以 As 计,mg/ml)	≤0.5
铅(以 Pb 计,mg/ml)	≤1.0
铜(以 Cu 计,mg/ml)	≤5.0
锡(以 Sn 计,mg/ml)	≤200
汞(以 Hg 计,mg/ml)	≤0.1
亚硝酸盐(以 $NaNO_2$ A 计,mg/ml)	
西式火腿罐头	≤70
其他腌制类罐头	≤50
复合磷酸盐(以 PO_3 计,mg/ml)	
西式火腿罐头	≤8
其他腌制类罐头	≤5

微生物指标,应无致病菌及因微生物作用所引起的腐败征象,或是应符合罐头食品商业无菌要求。

5. 卫生评价

(1)经检验符合感官指标、理化指标、微生物指标,在保质期内的罐头可以食用。

(2)膨听、漏气、漏汁的罐头不得食用,确属于物理性膨听的,可以食用。

(3)外观有缺陷,如锈蚀、卷边处生锈或因碰撞造成凹陷者,应尽快食用。

(4)开罐检查,内容物有异物、异味者,不得食用。

(5)理化指标超过标准的罐头,不得食用。

(6)微生物检验发现致病菌者,禁止食用;检出大肠杆菌或变形杆菌者,再次杀菌后可用食用。

任务三 鲜乳的卫生检验

乳与乳制品是营养成分配比合理、生理功能比较全面的理想制品。对于改善人民生活,增进人体健康,哺育婴儿,补充儿童、孕妇、老人和病人的营养具有重要的作用。

一、鲜乳的初加工卫生与检验

(一)乳的基本概念

乳是哺乳动物为哺乳其幼仔从其乳腺中分泌的一种不透明的液体,呈白色或稍带微黄色，并具特有香味的。乳中含有水分和多种干物质，是多种成分的混合物，同时又是复杂的具有胶体特性的液体。

泌乳期内，由于生理、病理或其他因素的影响，乳的成分和性质会发生变化。根据成分变化情况将乳分为初乳、常乳、末乳和异常乳。

(1)初乳　母畜在产仔后1周以内所分泌的乳，称为初乳。初乳色黄而浓稠，有特殊气味，干物质含量较高，含有丰富的免疫球蛋白、脂肪、维生素A、维生素D以及铁、钙等矿物质，营养价值高，可提高仔畜的抗病能力，有利于仔畜的生长发育。

(2)常乳　初乳期过后到干奶期前所产的乳称为常乳。其各项成分及理化指标趋于稳定，是乳制品加工原料和人们日常的饮用乳。

(3)末乳　也称老乳，母畜停止泌乳前1周所产的乳。末乳中各种成分极不稳定，一般说，除脂肪外，其他成分均较常乳高。末乳具有苦味或咸味，也有的有油脂腐败的哈喇味，因此对末乳应视具体情况决定其能否饮用或加工，如仅在成分上略有差异而无异味，也可加工利用。

(4)异常乳　广义上来讲，凡是不适合于饮用和加工的牛乳，都应称为异常乳，它是由于动物在泌乳过程中因生理、病理原因以及其他外来因素造成乳的成分及性质发生变化。异常乳常分为生理异常乳、病理异常乳和成分标准异常乳。生理异常乳一般是指初乳、末乳以及营养不良乳；病理异常乳包括乳腺炎乳、酸败乳、病畜乳；成分标准异常乳是指掺水、掺杂及添加防腐剂的乳。不论哪一类异常乳，均不能作为乳制品的原料乳。

(二)乳的化学组成与物理性状

1. 牛乳的化学组成

正常牛乳的化学成分基本是稳定的，水分占86%～89%、干物质占11%～14%。干物质中脂肪占3%～5%、蛋白质占2.7%～3.7%、乳糖占4.5%～5%、无机盐占0.6%～0.75%。但各成分也有一定的变动范围，其中变化最大的是乳脂肪，其次是乳蛋白质，而乳糖和无机盐变化较小。

2. 牛乳的理化性状

牛乳为胶体溶液。其中乳糖和一部分可溶性盐类可形成真正的溶液；而蛋白质则与不溶性盐类形成胶体悬浮液；脂肪则形成乳浊液状态的胶体性液体；水分作为分散介质，构成一种均匀稳定的悬浮状态和乳浊状态的胶体溶液。

(1)色泽　新鲜正常的牛乳是一种白色或稍呈微黄色、均匀一致的液体，这是乳的成分对光的反射和折射。稍微黄色是乳中含有核黄素、乳黄素和胡萝卜素。奶油的黄色则与季节、饲料以及牛的品种有较大的关系。

(2)气味　由于乳中含有挥发性脂肪酸和其他挥发性物质，正常的鲜乳具有特殊香味，尤其是加热之后香味更浓厚。乳的气味受外界因素影响较大，应注意环境卫生。

(3)滋味　新鲜、纯净的牛乳因含有乳糖略带甜味,又因含氯离子而稍带咸味。正常乳受乳糖、脂肪、蛋白质等成分的调和作用,咸味往往被掩盖。乳的苦味则来自 Ca^{2+}、Mg^{2+}。异常乳如乳腺炎乳,因氯的含量高而有较浓厚的咸味。

(4)pH 和酸度　正常乳的 pH 为 6.5～6.7,酸度为 16～18°T,这种酸度称为固有酸度或自然酸度,主要由乳中的蛋白质、柠檬酸盐、磷酸盐及 CO_2 等酸性物质所形成,与贮存过程中微生物繁殖所产生的乳酸无关。另外,牛乳在存放过程中,由于微生物作用,分解乳糖产生乳酸而使酸度升高,称为发酵酸度。自然酸度与发酵酸度之和,称为总酸度。通常所说的牛乳酸度是指其总酸度。乳的总酸度对乳品的加工和乳的卫生检验都具有一定的意义。鲜乳酸度过高,除明显降低乳对热的稳定性外,还会降低乳粉的保存性和溶解度,同时对其他乳制品的品质也有一定影响。

(5)相对密度　正常乳的相对密度为 1.028～1.032。乳中的非脂干物质相对密度比水大,所以乳中的非脂类干物质愈多,相对密度愈大。初乳的相对密度为 1.038。乳中加水时相对密度降低。

(6)冰点与沸点　因牛乳含有乳糖、蛋白质和无机盐等,冰点较低,一般为 -0.525～-0.565℃,牛乳中每加入 1%的水,冰点约上升 0.00054℃。乳的沸点在常压下为 100.55℃,随着其中干物质含量的增多而升高,当乳浓缩一倍时,沸点即上升 0.5℃。

(7)表面张力与黏度　牛乳在 15℃时表面张力为 0.04～0.062N/m;在 20℃时黏度为 0.0015～0.002Pa.s(即帕斯卡秒)

(三)鲜乳的初加工卫生

1.取乳卫生

1.1　畜体、畜舍卫生　保证乳畜的健康是生产优质乳的先决条件,饲养场必须建立检疫与防疫制度,培育无病乳畜。畜舍应保持清洁、干燥、通风良好、光线充足。

1.2　工作人员的卫生　饲养人员和挤乳人员应取得健康合格证才能上岗工作。工作人员应保持个人卫生,挤奶前清洗手臂,工作时必须穿戴口罩、工作衣、工作帽和工作鞋,经常修剪指甲,要有良好的卫生习惯。

1.3　挤乳及挤乳用具的卫生　乳头导管中常存在较多的微生物,故应把最初的几把乳废弃或挤入专用容器中,另行处理,以减少乳的含菌量。自动挤乳机清洁消毒必须彻底,防止黏附、残留乳汁。盛乳容器应用清洁水彻底刷洗消毒后沥干备用。

2.乳的过滤净化

刚挤出的乳容易被粪屑、饲料、垫草、牛毛、乳块、蚊蝇或其他异物污染,因此刚挤出的乳，必须尽快过滤，以便除去机械性杂质。在奶牛场，常用纱布、滤袋或不锈钢滤器过滤。将每块纱布折成3～4层，其过滤量不得超过50kg，同时应注意纱布和滤袋要扎牢，不能有漏洞；纱布和滤器使用后必须清洗和消毒，干燥后备用。在乳品厂常用离心净乳机净化乳，以便除去不能被过滤的极小杂质、附着在杂质上的微生物和乳中的体细胞，能显著提高净化效果，增强杀菌效果，有利于提高乳的质量。

3. 乳的冷却

刚挤出的乳，温度约为37℃，是微生物生长的最适温度。不过不及时冷却，乳中微生物大量增殖，乳会变质凝固，酸度增高。迅速冷却乳既可抑制微生物的繁殖，又可延长乳中抑菌酶的活性。（表14）

表14 乳的冷却与乳中细菌数的关系(细菌个数/ml)

贮存时间	冷却乳	未冷却乳
刚挤出的乳	11500	11500
3h以后	11500	18500
6h以后	6000	102000
12h以后	7800	114000
24h以后	62000	1300000

4. 乳的杀菌与灭菌

为了防止乳的腐败变质，杀死腐败菌和病原菌，生乳应尽早予以杀菌或灭菌。乳品厂常用的杀菌和灭菌方法有以下几种：

(1)巴氏杀菌法。《食品工业基本术语》GB/T15091—1994将巴氏杀菌定义为：“采用较低温度(一般60～82℃)，在规定的时间内对食品进行加热处理，达到杀死微生物营养体的目的。是一种既能达到消毒目的又不损害食品品质的方法。”这种杀菌(消毒)方式不能完全杀死细菌芽孢，仅能破坏、钝化或除去致病菌、有害微生物。

低温长时间杀菌法(LTLT)：将乳加热至61～65℃，维持30min。因此法所用时间长，虽可保持乳的状态和营养，但不能有效地杀灭某些病原微生物，目前已较少使用。

高温短时间杀菌法(HTST)：这是最常见的杀菌法。将乳加热至72～75℃维持15～16s，或80～85℃维持15s。其优点是能最大限度地保持鲜乳原有的理化特性和营养，但仅能破坏、钝化或除去致病菌、有害微生物，仍有耐热菌残留。

(2)超巴氏杀菌法：将乳加热至125～138℃维持2～4s，然后在7℃以下保存和销售。超巴氏杀菌并非绝对无菌，而且不能在常温下保存和分销。

(3)超高温瞬时灭菌法(UHT)：流动的乳液经135℃以上灭菌数秒，在无菌状态下包装，以达到商业无菌的要求。此方法可杀灭全部微生物，但对乳有一定影响，部分蛋白质被分解或变性，色、香、味不如巴氏杀菌乳，脱脂乳的亮度、浊度和黏度受到影响。

(四)鲜乳的卫生检验

1. 采样

散装或大型容器盛装的乳，应将样品混匀后取样，每次取样量不得少于250ml，样品贮存在2℃～6℃，尽快送检，以防变质。做理化检验的样品，每1000ml可加入1～2滴甲醛进行防腐。

2. 感官检验

将乳样置于15～20℃水浴中，保温10～15min后充分摇匀，检查乳的色泽、气味、滋味、组织状态等有无异常。(见表15)

表15 鲜乳感官指标

项 目	鲜乳
色 泽	乳白色或微黄色
滋味和气味	具有乳固有的滋味和气味，无异味
组织状态	呈均匀一致胶态流体，无凝块、无沉淀、无肉眼可见异物

3. 理化检验

主要检验乳的营养成分、乳的新鲜度、有害物质、有无掺加物质等。鲜乳的理化指标(表16)。

表16 鲜乳理化指标

蛋白质/(g/100g)≥	2.95
脂肪/(g/100g)≥	3.1
非脂乳固体/(g/100g)≥	8.1
酸度/(°T)	
牛乳≤	18
羊乳≤	16
铅(Pb)/(mg/kg)≤	4.0
无机砷/(mg/kg)≤	0.05
黄曲霉毒素M1/(μg/kg)≤	0.05
六六六/(mg/kg)≤	0.5
滴滴涕/(mg/kg)	0.02

(1)相对密度的测定 20℃时正常牛乳的相对密度在 1.028 以上,平均为 1.030。测定乳的相对密度时,若数值离开了此范围,说明乳的成分发生了变化。如果测定时的乳温不是 20℃时,则应进行校正。

(2)乳脂肪的测定　乳脂肪的测定方法较多,有哥特里—罗兹法、盖勃氏法、巴布科克法等。盖勃氏法因测定简便迅速而在检验工作中较为常用,但因糖容易焦化,故此法不适用于含糖量高的样品,而适用于酸性的液态、粉状和脂肪含量高的样品。

(3)酸度的测定　牛乳中酸的含量是牛乳新鲜度的重要指标,同时也是反映牛乳质量的一项重要指标。正常牛乳的酸度由于品种、饲料、挤乳和泌乳期的不同而有差异,但一般均在 16～18°T 之间。如果牛乳存放时间过长,细菌繁殖致使牛乳的酸度明显增高,如果乳牛健康状况不清,患急、慢性乳房炎等,则可使牛乳的酸度降低。

乳的酸度测定方法主要有滴定法、酒精试验法和煮沸试验法。

4. 微生物学检验

乳和乳制品的微生物学检验包括菌落总数测定、大肠菌群测定、沙门氏菌检验以及其他致病菌和霉菌的检验。

5. 乳腺炎乳的检验

乳腺炎乳中的蛋白含量增多,会在碱性盐溶液中发生沉淀,根据这一原理,常采用溴甲酚紫法进行测定。乳腺炎乳还可采用测定氯糖数的方法检测。所谓氯糖数即乳中氯的百分含量与乳糖的百分含量之比。正常乳中氯与乳糖的百分含量有一定的比例关系。健康牛乳的氯糖数不超过 4,患乳腺炎乳的氯糖数则增至 6～10。

二、掺假掺杂乳的检验

人为地改变乳的化学成分或其比例,称为乳的掺假。一些不法经营者为增加乳量或掩盖其劣点,人为地在牛乳中加入非乳物质,影响了乳及其乳制品的产品质量,危害消费者的身体健康,这就要求检验人员快速、准确地检验、分析并做出结论。

(一)常见的掺假掺杂物质的分类

(1)水　是最常见的一种掺假物质,加入量一般为 5%～20%,有时高达 30%。

(2)电解质类　为增加乳的密度或掩盖乳的酸败,在乳中掺加电解质,最常见的是中性盐或强碱弱酸盐类。比较有代表性的物质有含食盐、土盐、芒硝($Na_2SO_4 \cdot 10H_2O$)、硝酸钠、亚硝酸钠、碳酸钠、碳酸氢钠、明矾、石灰水、氨水等中和剂。

(3)非电解质物质　这类物质加入水中后不发生电离,如在乳中添加尿素、蔗糖等，其目的是增加乳的比重。

(4)胶体物质 一般都是大分子物质，在水中以胶体溶液、乳浊液等形式存在，为能增加乳的黏度，感官检验时没有稀薄感。如在乳中加入豆浆、米汤、淀粉、动物胶等。

(5)防腐剂类 为了防止乳的酸败，在乳中加入抑制或杀灭乳中的微生物作用的物质，如各种防腐剂、抗生素等。

(6)其他物质 如在乳中掺入粪土、砂石、白土等。

乳中掺入其他物质，会降低乳的营养价值和风味，导致微生物大量增殖，易腐败变质，影响乳的加工性能和产品的品质，损害消费者的健康，使消费者权益受到损失。

(二)牛奶掺假检验

1. 牛乳中掺水

1.1 感官检验

将牛乳倒入烧杯中观察其倾注过程，若牛乳有稀薄感，颜色也不如优质牛乳白，容器边缘与牛乳接触的部位有水样感，煮沸时香味较淡，煮开所需时间较长，则说明乳中掺水。

1.2 牛乳相对密度测定法(乳稠计检验)

正常牛乳的相对密度为 1.028～1.032，若相对密度低于 1.028，则表明牛乳中已掺水。将牛乳倒入量筒中，用乳稠计测定其相对密度和牛乳的温度，可判断出牛乳是否掺水，掺水量可用以下公式计算：

掺水量％＝(正常乳的相对密度－被测乳的相对密度)/正常乳的相对密度×100％

1.3 冰点测定法

冰点测定法是准确测定掺水乳的检验方法。正常牛乳的冰点是相当稳定的，平均为－0.550～－0.510℃，掺水稀释后的牛乳冰点会升高，其升高的程度与掺水量成正相关，每掺入1％的水可使冰点上升 0.0054℃，常用 Hortvet 冰点测定仪测定。掺水量的计算：

$$\text{掺水量}\% = (-0.510 - T)/(-0.510) \times 100\%$$

式中：T 为被测牛乳真正的冰点；－0.510 为正常牛乳冰点

2. 牛乳中掺入淀粉、米汤和糊精等物质

2.1 感官检验

由于掺入淀粉、米汤和糊精等物质的乳有黏稠感，因此可将牛乳倒入碗内观察，如发现牛乳不易流动且加热易糊锅，则表明可能掺入淀粉等上述物质。

2.2 化学试剂检验

用试管取 10mL 乳液，稍煮沸，待冷却后，加入 0.1mol/L 的碘液数滴，能够出现蓝色者说明掺入淀粉等上述物质。

3. 牛乳中掺入食盐等氯化物

3.1 感官检验

掺入氯化物如食盐的牛乳乳稠度较差,呈青白色,品尝时牛奶有咸味。另外,掺入食盐的牛乳加热时沸点会上升,而正常牛乳沸点为100.5℃。

3.2 化学试剂检验

取硝酸银溶液5mL置于试管中,加入10%的铬酸钾溶液,混匀,溶液呈砖红色。取上述溶液1mL加入乳液试管内,并充分混匀,砖红色变成黄色,说明牛乳中所含氯离子已超过正常牛乳中氯离子的含量,提示牛乳中掺入氯化物(即证明有食盐加入)。

注:常乳中氯离子的含量不超过0.14%(即每毫升常乳含氯1.4mg为限),经过计算1.4mg氯离子恰好与6.7075mg的硝酸银完全发生反应。

4. 牛乳中掺入白矾

化学试剂检验:取1g金黄色素三羧酸铵盐,溶于100mL蒸馏水中制成1%的铝试剂,取牛乳5mL于试管中,滴加1%的铝试剂3～5滴,如果牛乳呈现红色便有铝离子存在,即可认定牛乳中掺有白矾。

5. 牛乳中掺入硫酸盐

5.1 感官检验

掺有硫酸盐类(如芒硝,$Na_2SO_4 \cdot 10H_2O$)的牛乳颜色与正常牛乳明显不同,呈青白色、稠度稀,用口品尝时有苦涩味。

5.2 硝酸汞法

取牛乳5mL加水5mL混匀,然后滴入25%硝酸汞2～3滴,如有黄色沉淀生成,且此沉淀物易溶于强酸溶液中,说明牛乳中含有硫酸盐。但是,当牛奶的pH值小于6.5时,此现象不出现,故有漏检现象。

5.3 钡离子法

首先提取乳清。取检样乳200mL于三角瓶中,加入20%醋酸溶液4mL,混合均匀置40℃环境下使蛋白凝固,冷却后过滤,即得乳清。取澄清乳清1mL于试管中,逐渐滴入20%$BaCl_2$溶液10滴,如有白色沉淀生成且不溶于酸类溶液便表明牛乳掺有硫酸盐类物质。

6. 牛乳中掺入硝酸盐

6.1 甲醛法

将5mL待检乳样与2滴10%甲醛溶液混合,另将3mL硫酸注入该混合液中。如果1L牛乳中含有0.5mg的硝酸盐,经5～7min便出现环带。

6.2 马钱子碱法

提取乳清,方法同5.3。然后取约0.1g马钱子碱晶体置于点滴板上,加入浓硫酸 2～3 滴，再加待检乳样的乳清 2～3 滴搅匀。如立即出现血红色，逐渐变为橙色，证明有硝酸根离子存在。

7. 牛乳中掺入尿素

7.1　感官检验

掺入尿素的牛乳乳稠度明显下降，倒入铁质容器中可见容器周围有较为明显的水波纹，品尝时有苦味，且舌头有发麻、辣的感觉。

7.2　化学试剂检验

称取 89g 酒石酸、10g 对氨基苯磺酸和 1gα－萘胺，在研钵中研细混匀后，制成格里斯试剂，避光保存。取被检样乳 3mL 放入大试管中，加入质量分数 0.05%的亚硝酸钠溶液 0.5mL，加入浓硫酸 1mL，将胶塞盖紧摇匀。待泡沫消失后向试管中加入约 0.1g 格里斯试剂，充分摇匀，待 25min 后观察结果。若奶样变紫红色，则说明此牛乳中不含尿素，为合格乳；反之，若牛乳不变色，则说明掺有尿素，为异常乳。本方法的检测灵敏度为 0.01%。被检乳最少不能低于 2.5mL。最好与正常牛乳作对照试验，其结果会更为准确。

（三）乳的卫生评价

凡有以下缺陷不允许销售：

(1)色泽异常；

(2)乳汁性状黏稠，有凝块及絮状沉淀；

(3)有明显异常气味及滋味；

(4)乳汁内有明显污染物或加有防腐剂、抗生素和其他任何有碍食品卫生的物质；

(5)凡患有炭疽、牛瘟、狂犬病、钩端螺旋体病、开放性结核、放线菌病等患畜所产的乳；

(6)乳中检出各种杂质、掺假物质或致病菌。

三、乳制品的加工与卫生检验

1. 乳粉的检验标准，见表 17、18。

表 17　乳粉的感官指标

项　目	指　标			
	全脂乳粉	脱脂乳粉	全脂加糖乳粉	调味乳粉
色　泽	呈均匀一致的乳黄色；			具有调味乳粉应有的色泽；
滋味和气味	具有纯正的乳香味；			具有调味乳粉应有滋味和气味；
组织状态	干燥、均匀的粉末；			
调冲性	经搅拌可迅速溶解于水中，不结块			

表 18　乳粉的理化和卫生指标

项　目		全脂乳粉	脱脂乳粉	全脂加糖乳粉	调味乳粉	
					全脂	脱脂
理化指标	蛋白质(%)≥	非脂固体的 34		18.5	16.5	22.0
	脂肪(%)	≥26.0	≤2.0	≥20.0	≥18.0	—
	蔗糖(%)≤	—	—	20.0	—	—
	复原乳酸度(°T)≤	18.0	20.0	16.0	—	
	水分(%)≤	5.0				
	不溶度指数(mL)≤	1.0				
	杂质度(mg/kg)≤	16				
卫生指标	铅(mg/kg)≤	0.5				
	铜(mg/kg)≤	10				
	硝酸盐(mg/kg)≤	100				
	亚硝酸盐(mg/kg)≤	2				
	酵母和霉菌(cfu/g)	50				
	黄曲霉毒素 M1(μg/kg)≤	5.0				
	菌落总数(cfu/g)≤	50000				
	大肠菌群(MPN/100g)≤	90				
	致病菌(指肠道致病菌和致病性球菌)	不得检出				

2. 乳粉的检验标准，见表 19、20、21。

表 19　酸牛乳的感官特性

项　目	纯　酸　牛　乳	调味酸牛乳、果料酸牛乳
色　泽	呈均匀一致的乳白色或微黄色；	呈均匀一致的乳白色，或调味乳、果料乳应有的色泽；
滋味和气味	具有酸牛乳固有的滋味和气味；	具有调味乳酸牛乳或果料酸牛乳应的滋味和气味；
组织状态	组织细腻、均匀，允许有少量乳清析出；果料酸牛乳有果块或果粒	

表 20　酸牛乳的理化指标

项　目	纯　酸　牛　乳			调味酸牛乳、果料酸牛乳		
	全脂	部分脱脂	脱脂	全脂	部分脱脂	脱脂
脂肪(%)	≥3.1	1.0～2.0	≤0.5	≥2.5	0.8～1.6	≤0.4
蛋白质(%)≥	2.9			2.3		
非脂固体(%)≥	8.1			6.5		
酸度(°T)≥	70.0					

表 21　酸牛乳的卫生指标

项　目	纯酸牛乳	调味酸牛乳	果料酸牛乳
苯甲酸(g/kg)≤	0.03		0.23
山梨酸(g/kg)	不得检出		≤0.23
硝酸盐(以 $NaNO_3$ 计,mg/kg)≤	11.0		
亚硝酸盐(以 $NaNO_2$ 计,mg/kg)≤	0.2		
黄曲霉素 M1(μg/kg)≤	0.5		
大肠菌群(MPN/100mL)≤	90		
致病菌(指肠道致病菌和致病性球菌)	不得检出		

3. 奶油的检验标准,见表 22。

表 22　奶油的感官、理化和卫生指标

项　目		指　标	
		奶　油	无水奶油
感官指标	色泽	呈均匀一致的乳白色和乳黄色	
	滋味和气味	具有奶油的纯香味	
	组织状态	柔软、细嫩,无孔隙,无析水现象	
理化指标	水分(%)≥	16.0	1.0
	脂肪(%)≥	80.0	98.0
	酸度①(°T)≥	20.0	—
卫生指标	菌落总数(cfu/g)≥	50000	
	大肠菌群(MPN/100g)≥	90	
	致病菌(指肠道致病菌和致病性球菌)	不得检出	

4. 炼乳的检验标准，见表23。

表23 炼乳的各项指标

项目		指标	
		全脂无糖炼乳	全脂加糖炼乳
感官指标	色泽	呈均匀一致的乳白色或乳黄色，有光泽	
	滋味和气味	具有牛乳的滋味和气味	具有牛乳的香味，甜味纯正
	组织状态	组织细腻、质地均匀，黏度适中	
理化指标	蛋白质(%)≥	6.0	6.8
	脂肪(%)≥	7.5	8.0
	全乳固体(%)≥	25.0	28.0
	蔗糖(%)≤	—	45.0
	水分(%)≤	—	27.0
	酸度(°T)≤	48.0	
	杂质度(mg/kg)≤	4	8
	乳糖结晶颗粒(μm)≤	—	25
卫生指标	铅(mg/kg)≤	0.5	
	铜(mg/kg)≤	10.0	
	锡(mg/kg)≤	10.0	
	硝酸盐(mg/kg)≤	28.0	
	亚硝酸盐(mg/kg)≤	0.5	
	黄曲霉毒素M1，μg/kg≤	1.3	
	菌落总数(cfu/g)≤	—	50000
	大肠菌群(MPN/100g)≤	—	90
	致病菌(指肠道致病菌和致病性球菌)	—	不得检出
	微生物	商业无菌	—

任务四 蛋及其蛋制品的检疫

蛋作为人类主要的动物性食品之一，可提供人体所必需的各种营养成分，如蛋白质、脂肪及维生素等。然而，不符合卫生要求的蛋类不仅能导致人类食物中毒,还可成为禽类疾病流行的因素。因此,对蛋类进行卫生检验对于保护消费者的健康和阻止禽类疫病的流行,具有重要的意义。

一、蛋的构造及化学组成

(一)蛋的构造

禽蛋呈卵圆形,一头较大为蛋的钝端,另一头较小为蛋的锐端,其平面上的投影为椭圆形。蛋的纵径大于横径,纵向较横向耐压,所以在运输过程中应大头朝上,以减少破损。蛋的大小因产蛋禽的种类、品种、年龄、营养状况、季节等而有差异。通常鸡蛋重约40～70g、鸭蛋60～90g、鹅蛋100g～230g。蛋主要由蛋壳、蛋白及蛋黄三部分组成。

1. 蛋壳

(1)外蛋壳膜又称壳外膜。是蛋壳外面由胶性粘液干燥而成的一层薄膜,所以又称为胶样膜或粉霜。它是由母禽输卵管分泌的一种透明可溶性无定形结构的胶质粘胶干燥而成。完整的薄膜有阻止微生物的侵入,防止蛋内水分蒸发和二氧化碳逸散、避免蛋重减轻的作用。胶样膜易溶于水,不耐摩擦,久藏、受潮或水洗,可使其溶解而失去保护作用。外蛋壳膜的有无及性状可作为判断蛋新鲜度的指标之一。由于外界温度、湿度、包装材料的状态、收购时蛋的品质和保存时间等因素的影响,蛋在保藏过程中都会发生物理和化学变化。

(2)蛋壳又称石灰质蛋壳。是包裹在鲜蛋内容物外面的一层硬壳。其主要成分是碳酸钙(约占94%),其次有少量的碳酸镁、磷酸钙、磷酸镁及角质蛋白质。蛋壳的厚度一般为0.2～0.4mm。由于禽的品种、气候条件和饲料等因素的差异,蛋壳的厚度略有不同。蛋壳上大约有1000～1200个气孔,这些气孔在蛋壳表面的分布不均匀,大头较多,小头较少。蛋产后贮存时蛋内的水分和气体可由气孔排出,而使蛋的重量减轻。微生物在外蛋壳膜脱落时,可以通过气孔侵入蛋内,引起蛋的腐败。

(3)壳下膜是由两层紧紧相贴的膜组成。其内层紧接蛋白,叫蛋白膜;外层紧贴石灰质蛋壳,称内蛋壳膜。蛋白膜和内蛋壳膜是由很细的纤维交错成的网状结构。内蛋壳膜的纤维较粗,网状结构空隙大,细菌可通过进入蛋内,该膜厚约41.1～60.0um。蛋白膜厚约12.9～17.3um,纤维结构致密细致,细菌不能直接通过进入蛋内,只有在细菌分泌的蛋白酶将蛋白膜破坏之后,才能进入蛋内。所有霉菌的孢子均不能透过这两层膜进入蛋内,但其菌丝体可以透过,并能引起蛋内容物发霉。

蛋产出时,由于外界温度比家禽体温低,蛋内容物收缩,空气从气孔进入蛋内,使蛋的钝端壳下的两层膜分离形成气室,随着存放时间的延长,蛋内水分蒸发,气室也会不断增大,因此,气室大小可作为判断蛋新鲜度的指标之一。

2. 蛋白

蛋白也称蛋清，无色透明，是蛋白膜下的黏稠胶体物质，约占蛋重的45%～60%。鲜蛋中蛋白由外向内分为四层：第一层为外稀蛋白层，贴附在蛋白膜上，占蛋白总体积的23.2%；第二层为中层浓厚蛋白层，占蛋白总体积的57.3%；第三层为内层稀薄蛋白层，占蛋白总体积的16.8%；第四层为系带膜状层，占蛋白总体积的2.7%。蛋白按其形态分为两种，即稀薄蛋白和浓厚蛋白。

浓蛋白呈浓稠胶状，含有溶菌酶，在保存期间，由于受温度和蛋内蛋白酶的影响，浓蛋白逐渐变稀，所含溶菌酶也随之消失。细菌易侵入造成蛋污染变质。

稀蛋白是水样胶状，自由流动，不含溶菌酶。随着保存时间的延长和温度的变化，浓蛋白减少而稀蛋白增加，使蛋的品质降低。

在蛋白中，位于蛋黄两端各有一条白色带状物，叫作系带。其作用是固定蛋黄位于蛋的中心。系带为白色不透明胶体，呈螺旋状结构。新鲜蛋白系带色白而有弹性，含有溶菌酶，含量是蛋白中溶菌酶的2～3倍。随着温度的升高和贮藏时间的延长，系带在酶的作用下会发生水解，逐渐失去弹性和固定蛋黄的作用，造成蛋黄贴壳。因此系带状况也是鉴别蛋的新鲜程度的重要指标之一。

3. 蛋黄

蛋黄由蛋黄膜、胚胎和蛋黄液所组成。新鲜蛋黄呈球形，两端由系带牵连，位于蛋的中央。它是一种浓厚、不透明、呈半流动的黄色粘稠物，由无数含有脂肪的球形物质所组成。

(1)蛋黄膜是包在蛋黄外面的透明薄膜，结构微细而紧密，具有很强的韧性，使蛋黄紧缩呈球形。陈旧的蛋黄膜，韧性丧失，轻轻震动蛋黄膜即可破裂，出现散黄现象。因此，蛋黄膜的韧性大小和完整程度，是蛋是否新鲜的重要指标之一。

(2)蛋黄液　是一种黄色的半透明乳胶液，约占蛋重的32%，比重约为1.028～1.030。蛋黄液呈多层次的色泽，中央为淡黄色，周围由深黄色蛋黄液和浅黄色蛋黄液交替组成。

(3)胚盘(球)　是一直径约3～3.5mm大小的灰白色斑点，位于蛋黄上侧表面的中央，未受精胚胎呈椭圆形，受精胚胎为正圆形。受精胚在较高的温度保存时会发育胚胎，从而影响蛋的品质和降低蛋的贮藏性。

(二)蛋的化学组成

1. 蛋白质

蛋中含有多种蛋白质，其中占比例最大的是蛋白中的卵白蛋白和蛋黄中的卵黄磷蛋白。这些蛋白都是全价蛋白，含有人体所必需的各种氨基酸，除蛋氨酸和胱氨酸略有不足外，皆符合人体需要，生物价高达94%。所以常把鸡蛋的氨基酸组成比例当作最高的质量标准，也作为蛋白质质量高低的参照标准。熟鸡蛋易消化,能有效地被人体吸收。

2. 脂肪

蛋中99%的脂肪存在于蛋黄中,约占蛋黄重的30%~33%,其中甘油酯约占20%、磷脂约占10%。磷脂主要包括卵磷脂、脑磷脂和神经磷脂等,它们对神经系统的发育具有重要意义。卵磷脂中还有一定量的胆固醇,其含量占蛋黄的1.2%~1.5%。

3. 碳水化合物

蛋中的碳水化合物,主要是葡萄糖,也有少量乳精。

4. 矿物质

蛋中含有多种矿物质,其中以磷和铁含量较多,而且易被吸收。

5. 维生素

蛋中除维生素C含量较少外,其他的如维生素A、B、D等含量均较丰富。

6. 酶

蛋中含有蛋白酶、二肽酶和溶菌酶,溶菌酶具有一定的杀菌作用。

7. 色素

蛋白内含有核黄素。蛋黄内含有黄体素、核黄素、胡萝卜素、玉米黄质等。这些色素不能在禽体内合成,均由饲料转移而来,其含量的多少,导致使蛋黄呈浅黄乃至橙黄色。

二、蛋的卫生检验

(一)蛋在保藏时的变化

1. 重量变化

蛋在贮存中,由于蛋壳表面有气孔,使蛋内容物中的水分、二氧化碳不断逸出,重量逐渐减轻、蛋的重量损失与保管的温度、湿度、蛋壳气孔大小、空气流通情况等因素有关。在气温高、湿度小、气流快时,蛋的失重大。

2. 气室变化

鲜蛋气室的变化和重量损失有明显关系。随着蛋重量的减轻,气室相对增大。故可根据气室大小判断蛋的新鲜度。

3. 水分的变化

贮存过程中蛋内水分会发生变化,主要是蛋白水分的减少。蛋白水分除一部分蒸发外,另一部分水分因渗透压差向蛋黄内移动,使蛋黄中含水量增加。蛋内水分变化受贮存时间和温度的影响。

4. 蛋白层结构的变化

新鲜蛋浓稀蛋白层的结构层次较明显。蛋在贮存过程中,由于浓蛋白被蛋白酶逐渐分解变为稀薄蛋白,其中溶菌酶也随之被破坏,失去杀菌能力,使蛋的耐贮性大大下降。因此越陈旧的蛋，浓厚蛋白含量越低，稀薄蛋白含量越高，越易被细菌感染，造成腐败。

5. 卵黄指数的变化

卵黄指数也称为蛋黄系数。所谓卵黄指数是指将破壳的蛋置于平板上，蛋黄高度与直径之比。正常鲜蛋的蛋黄系数在0.35以上。随着贮存时间延长，蛋黄膜的弹性减弱，使蛋黄系数降低。当蛋黄系数下降到0.25时，蛋黄就会破裂，出现散黄现象。

6. 微生物的污染

健康家禽所产的蛋，其内容物里是没有微生物的。蛋中的微生物污染通常有两种途径：一是产前污染，即家禽由于患病，生殖器中的病原微生物在蛋形成过程中进入蛋内；二是产后污染，即当蛋产出后，外界微生物通过气孔进入蛋内。新鲜蛋含有溶菌酶，能杀死侵入的各种微生物。但在室温条件下，经过1～3周蛋内溶菌酶就会失去活性，此时侵入的微生物就可以到达蛋黄而大量繁殖，使蛋变质。

蛋液中常见的微生物有：变形杆菌、沙门氏菌、假单胞杆菌、大肠杆菌、副大肠杆菌、枯草杆菌、禽结核杆菌、葡萄球菌、腐败厌氧菌及青霉菌、毛霉菌、曲霉菌等。其中以沙门氏菌的卫生学意义最大，其原因是沙门氏菌是一种能引起食物传播性疾病的病原菌。蛋中的沙门氏菌主要存在于蛋黄中。

某些寄生虫，如绦虫、线虫、吸虫也可能于产蛋前进入蛋内。

7. 蛋的腐败变质

引起蛋腐败变质的主要因素是微生物，其次是蛋存放环境的温度、湿度。在适宜的温度、湿度下，侵入蛋内的微生物会生长繁殖，并释放出蛋白水解酶，使蛋白质逐渐水解，黏度消失，蛋黄位置改变。蛋的最初变质特征是蛋白变稀，呈现淡绿色。然后系带逐渐变细甚至消失而失去作用，使蛋黄向蛋壳靠近而粘壳。待蛋黄膜破裂，蛋黄和蛋白相混在一起后，进一步变质。最后蛋白呈现出蓝色和绿色荧光，有腐臭味，蛋黄呈褐色。

如果有霉菌在蛋壳上生长，菌丝也可由气孔侵入蛋内，并逐渐形成霉斑。大的霉斑可以覆盖蛋的整个表面。蛋白变为水样液，并与蛋黄混合，或蛋白变得黏稠呈凝胶状，蛋黄硬化呈蜡样。蛋内呈黑色并带有浓烈的霉味。

（二）蛋的新鲜度检验

在收购和加工过程中常采用感官检验与灯光透视相结合的办法。

1. 感官检查

(1)看　主要观察蛋的形状、大小、色泽、清洁度、有无霉斑、有无裂纹及硌窝等。

蛋的清洁度不仅具有很大的商品学意义，而且有极重要的卫生学意义。因为不清洁的禽蛋极易腐败变质。

新鲜蛋的外壳完整、无裂纹和硌窝，壳上附着一层白霜样的颗粒。若蛋壳异常光亮，可能是孵化蛋。不新鲜蛋和变质蛋由于贮存时间长或保管不当，蛋壳表面失去白霜，色泽乌灰、油亮，严重的蛋壳上出现灰黑斑点、斑块、霉点或大理石纹。

(2)听　将蛋夹在手指间，靠近耳边轻轻摇晃。新鲜蛋内容物无流动感、无活动声；陈旧蛋由于水分蒸发，内容物缩小，有晃荡声。另外，以蛋相互碰撞来鉴别蛋壳的完整性。如相撞发生咔咔声则蛋壳完整，如发出哑音则为裂纹蛋。

(3)嗅　用鼻闻蛋有无异味。

感官鉴定是一种有效的检验方法，但必须有一定的实践经验。该方法的不足是该指标在定性上符合要求，在定量上欠缺，因此须与其他方法配合使用。

2. 灯光透视检验

正常的蛋在灯光下的状态是：气室小(高度不超过 7mm)、蛋内透光、呈橘红色。蛋白浓厚、清亮，包于蛋黄周围。蛋黄位于中央偏钝端、呈朦胧暗影、中心色浓、边缘色淡。蛋内无斑点和斑块。

3. 蛋黄指数测定(卵黄系数测定)

蛋黄指数是指蛋黄高度除以蛋黄横径所得的商，一般为 0.36～0.44。

4. 气室测定

将蛋放在照蛋器上画出气室的界线。将蛋的气室端放入气室测量器的凹陷内，记录下气室两侧的高度然后将两侧高度(h1、h2)之和除以 2，即为气室高度。

(三)蛋的质量分类

鲜蛋在商品上的质量分类为正常鲜蛋、次质蛋和劣质蛋，主要是根据蛋的大小、色泽，蛋壳的清洁度和灯光透视的结果而评定的。

1. 新鲜蛋

蛋壳清洁完整，但由于灯光透视时蛋的状态不相同，将此类蛋分为以下几种：

(1)特级鲜蛋。蛋内完全透光，全蛋呈浅橘红色，蛋黄微显影并居中心。内容物不转动，气室小，其高度在 3mm 以内，蛋内无任何斑块和异物。蛋壳清洁、坚固、无裂纹。

(2)一级鲜蛋　全蛋是黄红色，蛋黄所在处颜色稍浓，呈朦胧暗影。蛋黄膜包得很紧，蛋黄隆起呈扁球形。蛋内容物微微转动，蛋白浓厚清亮，包于蛋黄周围。气室高度在 5mm 以内。此种蛋可供冷藏或其他方法贮藏保鲜。

(3)二级鲜蛋　全蛋内容物呈黄红色。蛋黄显影清楚，且能转动，位置偏离中央而移向气室。气室高度在 10mm 以内，并能移动。此种蛋不宜冷藏或其他方法贮藏。

(4)三级鲜蛋　蛋黄鲜明可见,浓蛋白完全水解,蛋黄易转动,且上浮接近气室,气室移动,其高度达 11mm 以上,但不超过蛋长轴的 1/3。这类蛋只能作普通食用蛋,不宜作加工原料。

冷藏鲜蛋其品质也应符合鲜蛋标准。理化指标:汞<0.05mg/kg。

2. 次蛋

次蛋分一类次蛋和二类次蛋两种情况。

2.1　一类次蛋可分为以下几种:

(1)裂纹蛋:鲜蛋受压,使蛋壳破裂成缝,蛋壳膜未破,把蛋握在手中相撞时发出哑音,所以也叫"哑子蛋"。

(2)硌窝蛋;鲜蛋受挤压,使石灰质蛋壳局部破裂凹陷,而蛋壳膜未破。

(3)流清蛋:鲜蛋受挤压破损,蛋壳膜破裂而蛋液轻度(破口小于 1cm)外溢。

(4)血圈蛋:受精蛋,因受温热使胚胎开始发育,透视时蛋黄部呈现鲜红色小血圈。

(5)血筋蛋:由血圈继续发育形成的,透视时蛋黄呈现网状血丝。

(6)壳外霉蛋:鲜蛋受潮湿,外壳生霉,但壳内壁及内容物完全正常。

(7)绿色蛋白蛋:透视时蛋白发绿,蛋黄完整;打开后除蛋白颜色发绿外,其他与鲜蛋无异,这是由饲料关系造成的。

2.2　二类次蛋可分为以下几种:

(1)热伤蛋:未受精的蛋,受热后,胚珠增大。光照时可见蛋黄阴影大,蛋白稀薄,气室大,此类蛋不宜保存。

(2)重流清蛋:蛋壳破碎,破口较大,蛋白大部分流出。

(3)红粘壳蛋(贴壳蛋):蛋在贮存过程中,没及时翻动或受潮,蛋白变稀,系带松弛,原本小于蛋白比重的蛋黄上浮,贴在蛋壳上。透视时气室大,粘壳处呈红色。打开后可见蛋壳内壁有蛋黄粘连痕迹,蛋黄与蛋白界限分明,无异味。

(4)轻度黑粘壳蛋:红粘壳蛋形成日久,粘壳处变黑。透视黑色面积占粘壳蛋黄面积 1/2 以下,蛋黄粘壳处部分呈黑色阴影,其余部分蛋黄呈红色。打开后可见粘壳处有黄中带黑的粘连痕迹,蛋白变稀,蛋白与蛋黄界限分明,无异味。

(5)散黄蛋(陈蛋散黄):贮存日久,或受热、受潮,蛋白变稀,水分渗入蛋黄而使蛋黄膨胀,蛋黄膜破裂。透视时可见蛋黄不完整,散如云状。打开后蛋白、蛋黄混杂,但无异味。

(6)轻度霉蛋:鲜蛋在运输、保管中受潮或雨淋后生霉。透视时壳膜内壁有霉点。打开见内容物无霉点和霉气味,蛋黄和蛋白界限分明。

3. 劣质蛋

劣质蛋的感官标准分为以下几种：

(1)泻黄蛋(细菌散黄)　由于贮存条件不良，细菌侵入蛋内所致。透视时蛋内透光度差，黄白相混，呈均匀的灰黄色或暗红色。打开见蛋液呈灰黄色，蛋黄、蛋白全部变稀且相混，并有一种不快的气味。

(2)黑腐蛋(臭蛋、坏蛋)　这种蛋严重变质，蛋壳呈乌灰色。透视时蛋大部分或全部不透光，呈灰黑色。打开蛋后，蛋液呈灰绿色或暗黄色，并有硫化氢样恶臭味。

(3)重度霉蛋　霉变严重。透视时见蛋壳及内部均有黑色斑点或粉红色斑点，打开见壳下膜和蛋液内部都有霉斑，或蛋白呈胶冻状霉变，并有严重的霉气味。

(4)重度黑粘壳蛋　由轻度粘壳蛋发展而成，其粘壳部分超过整个蛋黄面积 1/2 以上，蛋液变质发臭。

(5)鲜蛋在运输中破损的外溢部分，不得供食用，应作非食品工业用或作肥料。

(6)水禽蛋常污染沙门氏菌，为预防水禽蛋所致的沙门氏菌食物中毒，在制作冰淇淋、奶油糕点、煎蛋饼、煎荷包蛋时，不得使用鸭蛋和鹅蛋。

(7)经细菌检验，凡发现肠道致病菌、沙门氏菌、志贺氏菌的蛋，不得销售。应在卫生部门监督下，供高温复制利用，但必须保证充分加热煮熟烧透，并防止生熟交叉污染。此外，也可按《蛋与蛋制品卫生管理办法》有关规定，制作冰蛋、干蛋制品。

(四)蛋的卫生评价

(1)新鲜蛋，正常鲜销。

(2)一类次质蛋，准许鲜销，但应限期销售。超过期限或限期内有变化的，可根据质量情况，按二类次质蛋处理或按劣质蛋处理。

(3)二类次质蛋，不许鲜销，经高温处理后可供食用。

(4)劣质蛋，不准食用。应作非食品工业用或作肥料。孵化蛋一般也应按劣质蛋处理，但在有食用习惯的地区，须经当地卫生部门同意后，按规定条件供食用。

三、蛋制品的加工卫生与检验

(一)干蛋品

干蛋品一般有干蛋粉、干蛋白和干蛋片三种。目前在生产上多以干蛋粉为主。

1. 干蛋粉

干蛋粉可分为全蛋粉、蛋白粉和蛋黄粉。是将鲜蛋经打蛋后，将全蛋(包括蛋白和蛋黄)、蛋白或蛋黄搅拌、过滤,在干燥室内喷雾干燥,使其急速脱水,并杀灭大部分细菌,再经过筛选后,制成的粉状制品。有时在将蛋液过滤后,先进行巴氏消毒,再行喷雾干燥而成。

1.1 感官指标 粉末状或极易松散的块状,淡黄色,气味正常,无杂质。

1.2 理化指标(表24)

1.3 细菌性值班(表25)

表24 全蛋粉和蛋黄粉的理化指标

项目	全蛋粉	蛋黄粉
水分%	≤4.5	≤4.0
脂肪%	≥42	≥60
游离脂肪酸%	≤4.5	≤4.5
汞	≤0.05mg/kg	≤0.05mg/kg

表25 全蛋粉和蛋黄粉的细菌学指标

项目	全蛋粉	蛋黄粉
菌落总数(个/g)≤	50000	50000
大肠菌群≤(MPN/100g)	110	40
致病菌(沙门氏菌)	不得检出	不得检出

1. 蛋白片

蛋白片是将鲜鸡蛋的蛋白液经过发酵,加热干燥脱去水分而制成的蛋制品。

2.1 感官指标 干蛋白片的状态呈透明晶片和碎屑,色泽浅黄,气味正常,无杂质。

2.2 理化指标(表26)

2.3 细菌指标致病菌(系指沙门氏菌)不得检出。

表26 干蛋白片理化指标

项目	水分%	汞	酸度
指标	≤16	≤0.05mg/kg	≤1.2%

（二）冰蛋品

冰蛋品可分为冰全蛋、冰蛋白和冰蛋黄三种。它们是全蛋液、蛋白液或蛋黄液经打蛋、过滤、装听、低温下冻结而成的相应产品。后两种目前很少生产。如在过滤后，先经巴氏消毒，再装听，经低温冻结而成的称“巴氏消毒冰蛋”。近几年，由于养鸭业的发展，因此又增加了冰鸭金蛋。

1. 感官指标

（1）冰鸡全蛋：坚洁均匀，黄色或淡黄色，具有冰鸡全蛋的正常气味，无异味和杂质。

（2）冰鸡蛋黄：坚洁均匀，黄色，具有冰鸡蛋黄的正常气味，无异味和杂质。

（3）冰鸡蛋白：坚洁均匀，白色或乳白色，具有正常冰鸡蛋白的正常气味，无异味和杂质。

2. 理化指标（表 27）

3. 细菌指标（表 28）

表 27　冰蛋品理化指标

项目	冰鸡全蛋	冰鸡蛋黄
水分％	≤76	≤55
脂肪％	≥10	≥26
游离脂肪酸％	≤4.0	≤4.0
汞	≤0.05mg/kg	≤0.05mg/kg

表 28　冰蛋品细菌指标

项目	冰鸡全蛋	冰鸡蛋黄
菌落总数（个/g）≤	5000	1000000
大肠菌群≤（MPN/100g）	1000	1100000
致病菌（沙门氏菌）	不得检出	

（三）再制蛋

1. 咸蛋

咸蛋是将蛋放在浓食盐溶液中或以黏土食盐混合物敷在蛋的表面腌制而成的产品。

优质咸蛋的质量要求蛋壳完整、无裂纹、无破损、表面清洁、气室小、蛋白清白透亮、蛋黄鲜红、变圆且黏度增加，煮熟后蛋黄呈红黄起油或有油流出，口感起沙，蛋白纯白细嫩咸淡适中而无异味。

2. 皮蛋

又名松花蛋，是我国独创的食品品种，有着悠久的生产历史。皮蛋系指鲜鸭、鸡蛋等禽蛋，经用生石灰、碱、盐等配制的料汤（泥）或氢氧化钠等配制的料液加工而成的蛋制品。

2.1　感官指标　蛋外包泥或涂料均匀洁净，蛋壳完整无霉变，敲摇时不得有响水声，剖开时蛋体完整，蛋白呈青褐、棕褐或棕黄色半透明状，有弹性，蛋黄呈深浅不同的绿色或黄色，略带溏心或凝心。具有皮蛋应有的滋味和气味，无异味。

2.2　理化和细菌指标见表（表 29、表 30）

表 29　皮蛋的理化指标

项目	指标
铅 mg/kg	≤3
砷 mg/kg	≥0.5
PH(1:15 稀释)	≥9.5

表 30　皮蛋的细菌指标

项目	菌落总数(个/g)≤	大肠菌群≤ (MPN/100g)	致病菌(沙门氏菌)
指标	500	30	不得检出

任务五　水产加工卫生与检疫

水产食品包括鱼类、贝壳类、甲壳类和海兽类，是动物性食品的重要组成部分，按生长水域的不同可分为海产和淡水产两大类。

一、鱼与鱼制品的检疫

（一）鱼及鱼制品检疫

为了提高鱼及鱼制品的卫生质量，首先要选择新鲜度好的鱼进行加工，其次加工卫生也很重要。一般情况下，鱼应在足够低的温度条件下尽快地处理，并使用符合卫生标准的原料、辅佐料和生产用水，其中生产用水，对鱼类食品生产影响很大，应完全符合《生活饮用水卫生标准》规定，力求完全透明澄清，无色、无味，无悬浮物，静置时不生成沉淀。倘若生产鱼类罐头或熟食制品，则水中的重金属盐、硫化氢、氨、硝酸盐以及铁盐等都不得超过有关规定的指标，同时也不得有病原菌和耐热性微生物以及其他有害物质存在。加工河豚时，必须单独处理，去净内脏（肝、卵巢等）和贴骨血，对血污应彻底冲洗干净。

（二）鱼及鱼制品的检疫检验

鱼及鱼制品的检查以感观检查为主。必要时辅以理化检验和细菌检验。

1. 感官检查

（1）鲜鱼的感官检验　见表31

表31　鲜鱼的感官检验

项目	新鲜鱼	次鲜鱼	不新鲜鱼
体表	具有鲜鱼固有的体色与光泽，黏液透明无异臭味	体色较暗淡，光泽差，黏液透明度较差	体色黯淡无光，黏液浑浊或污秽并伴有污臭味
鳞片	鳞片完整或较完整，不易脱落	鳞片不完整，较易脱落，光泽较差	鳞片不完整，松弛，较易脱落
鳃部	鳃盖紧闭，鳃丝较清晰，呈鲜红或暗红色，黏液不混浊，无异臭味	鳃盖较松，鳃丝呈紫红、淡红或暗红色，黏液有酸味或较重的腥味	鳃盖松弛，鳃丝粘连，呈淡红、暗红色或灰红色，黏液混浊并有显著腥臭味
眼睛	眼球饱满，角膜透明或稍混浊	眼球平坦或稍凹陷，角膜起皱、暗淡或微混浊，或有溢血	眼球凹陷，角膜混浊或发黏
肌肉	肌肉组织有弹性，切面有光泽，肌纤维清晰	肌肉组织有弹性，压陷能较快恢复，但肌纤维光泽较差，稍有腥味	肌肉松弛、弹性差，压陷恢复较慢。肌纤维无光泽。有霉味和酸臭味，撕裂时骨肉易分离
腹部	正常不膨胀，肛门凹陷	膨胀不明显，肛门稍突出	膨胀或变软，表面有暗色或淡绿色斑点，肛门突出

（2）冰冻鱼的感官检验　见表32

表32　冰冻鱼的感官检验

项目	冰冻后的特征
活鱼	眼睛明亮，角膜透明，眼球凸出、充满眼眶；鳞片上覆有冻结的透明黏液层，皮肤色泽明显；
死鱼	鱼鳍紧贴鱼体，鱼体挺直，眼不凸出；
腐败鱼	无活鱼冰冻后的特征，可用小刀或竹签穿刺鱼肉或腹腔，嗅其腐败臭味；或切取部分鱼鳃，浸入热水后嗅察。

(3)咸鱼的感官检验　见表33

表33　咸鱼的感官检验

项目	良质咸鱼	次质咸鱼	劣质咸鱼
色泽	色泽新鲜,具有光泽	色泽不鲜明或暗淡	体表发黄或发红
体表	体表完整,无破肚及骨肉分离现象,体形平展、无残鳞、无污物	鱼体基本完整,但可有少部分变红色或轻度变质,有少量残鳞或污物	体表不完整,骨肉分离残鳞或污物较多,有霉变现象
肌肉	肉质致密紧实,有弹性	肉质稍软、弹性差	肉质疏松易散
气味	具有咸鱼所特有的风味,咸度适中	可有轻度腥臭味	具有明显腐败臭味

2. 理化检验

根据鱼肉腐败分解产物的种类和数量可判定鱼类的新鲜度。目前能较好地反映鲜度变化规律并且与感官指标比较一致的是挥发性盐基氮。

3. 细菌检验

鱼类的细菌检验受环境条件的影响较大,并且检测费时,一般只在需要细菌学指标时进行,通常不作为生产上检测鲜度的依据。

(三)鱼及鱼制品的检疫处理

良质新鲜鱼与鱼制品符合国家规定的感官、理化及细菌指标,通过检验后,根据其卫生质量做出相应的卫生处理:

1. 新鲜鱼不受限制食用。

2. 次鲜鱼立即销售食用(以高温烹调为宜)。

3. 腐败变质鱼禁止食用。变质严重者,也不能作为饲料。

4. 变质咸鱼轻微者,经卫生处理后可供食用。但有下列变化者,不得供食用:

(1)由于腐败变质产生明显的臭味或异味时;

(2)脂肪氧化蔓延至深层者;

(3)严重的“锈斑”或“变红”(赤变)侵入肌肉深部时;

(4)虫蛀已侵入皮下或腹腔时;

(5)凡青皮红肉的鱼类(鲣鱼、鲐鱼等)要特别注意检查质量鲜度。这类鱼易分解产生大量组胺,发现鱼体软化者则不能销售,防止食后引起中毒;

(6)凡因化学物质致死的鱼不得供食用;

(7)黄鳝应鲜、活出售。凡已死亡者不得销售或加工。

(四)有毒鱼类的检疫处理

1. 有毒鱼的鉴别

1.1　肉毒鱼类　主要生活在热带海域,肌肉和内脏含有雪卡毒,可抑制胆碱酯酶活性。这类鱼的外形和一般食用鱼几乎没有什么差异，从外形不易鉴别，需要有经验者辨认。常见强毒的有点线鳃棘鲈、侧牙鲈、黄边裸胸鳝、露珠盗鱼等。

1.2　豚毒鱼类　这类鱼内脏含有河豚毒素，主要分布在卵巢、肝脏、肾脏、血液、皮肤次之，可阻断神经和肌肉的传导。其形态特征为：体形椭圆，不侧扁，体表无鳞而长有小刺，头粗圆，后部逐渐狭小，类似前粗后细的棒槌，小口，唇发达。有气囊，遇敌害时能使腹部膨胀如球样。有尾柄，背鳍与臀鳍对生并位于近尾部，无腹鳍，背面黑灰色或杂以其他颜色的条纹（斑块），满生棘刺，腹部多为乳白色。多分布于沿海，少数产于江河，共有 40 多种。主要有条纹东方豚、紫色东方豚和横纹东方豚等。

1.3　卵毒鱼类　这类鱼的卵中含有卵毒素，是一种脂蛋白，煮食后仍可中毒。这类鱼主要产于我国西北及西南地区的，主要有青海湖裸鲤等。

1.4　血毒鱼类　这类鱼血液中含有血毒素，煮食后不会中毒，生饮鲜血时可中毒，仅见于鳗鲡和黄鳝。

1.5　肝毒鱼类　这类鱼的肝中含有丰富的维生素 A、维生素 D、鱼油毒、痉挛毒和麻痹毒，如蓝点马鲛。

1.6　含高组胺鱼类　主要见于青皮红肉的一些鱼类，如青花鱼、金枪鱼、沙丁鱼等。

1.7　胆毒鱼类　胆毒鱼类的胆汁含有胆汁毒素，中毒主要发生在有吞服鱼胆治病习惯的地区。典型代表为草鱼、青鱼、鲤鱼、鳙鱼和鲢鱼等。

1.8　刺毒鱼类　刺毒鱼类体内有毒棘和毒腺，包括虎鲨类、角鲨类、工鲶类等，这类毒鱼能蜇伤人体，引起中毒。有些鱼类死后，其棘刺的毒力可保持数小时，烹饪时也应注意。

2. 毒鱼类的检疫处理

上述各科毒鱼虽然有毒，但其含毒部位不同，故并不意味着所有的毒鱼都不能食用，只是肉毒鱼类与几种河豚的肌肉有毒不宜食用，其他毒鱼仅某些器官或组织有毒，鱼肉并不影响人们食用。它们当中有些甚至是重要的经济鱼类或上等食用鱼类。如卵毒鱼类中的青海湖裸鲤；胆毒鱼类中的草鱼、青鱼、鳙鱼、鲢鱼；血毒鱼类中的鳗鲡；肝毒鱼类中的蓝点马鲛；含组胺高的鲐鱼等。只要处理得当，弃去有毒脏器或破坏其毒素，都是营养价值很高的食用鱼类。

毒鱼类的利用和中毒的预防，首先应进行普及识别毒鱼及预防中毒的宣传教育，加强对水产品的管理，严禁豚鱼类上市，不得擅自处理和乱扔毒鱼及其有毒的脏器。对卵毒、胆毒、血毒鱼类，只要不吃有毒的鱼卵、不乱吞食鱼胆治病、不吃生鳗和不生饮鳗血，就可避免中毒；对含组胺高的鱼类，要选择新鲜者食用、变质者废弃。组胺为碱性物质，烧煮时加入醋、雪里蕻或山楂等能减少鱼肉中组胺的含量，可避免过敏性食物中毒。如量大需加工食用时，应在有条件的地方集中加工。加工前必须先除去内脏、皮、头等含毒部位，洗净血污，鱼肉经盐腌、晒干后，完全无毒方可出售。

二、贝甲类的检疫

贝甲类是指贝壳类和甲壳类水产品。如贝壳类的海产牡蛎、蛤、蚶、鲐贝、鲍鱼等和淡水产蚌、蚬、田螺等，甲壳类包括海白虾、对虾、河虾、龙虾、梭子蟹、青蟹、河蟹等。这些产品不仅具有很高的经济价值，还具有丰富的营养。但因其极易发生腐败变质，必须做好质量检测。

（一）贝甲类的检疫

1. 感官检验

（1）虾类的感官检验

河虾的虾体具固有的色泽，外壳清晰透明，虾头与虾体连接不易脱落，尾节有伸屈性，肉质致密，无异臭味。

海虾的虾体完整，体表纹理清晰、有光泽。头胸甲与体节间连接紧密，允许稍松弛；壳允许有轻微红色或黑色；眼球饱满凸出，允许稍萎缩；肌肉纹理清晰、呈玉白色、有弹性、不易剥离；具有海虾的固有气味，无任何异味。

（2）蟹类的感官检验

海蟹应具固有气味，无任何异味；体表纹理清晰、有光泽，脐上部无胃印；步足与躯体连接紧密，提起蟹体时步足不松弛下垂；鳃丝清晰、白色或微褐色；蟹黄凝固不流动；肌肉纹理清晰、有弹性、不易剥离。

（3）贝蛤类的感官检验

牡蛎的蛎体饱满或稍软、呈乳白色，体液澄清，白色或淡灰色，有牡蛎固有气味；花蛤的外壳具固有色泽、平时微张口、受惊闭合，斧足与触管伸缩灵活，具固有气味；缢螺的外壳紧闭或微张，足和触管伸触灵活，具固有气味。

2. 理化检验

贝甲类的理化检验首先是除去外壳，以下的操作方法与鱼的理论检验相同。

（二）贝甲类的检疫处理

（1）虾类　虾肉组织变软、无伸屈力，体表发黏，色暗、有臭味等，说明虾已自溶或变质，不能食用。

（2）甲鱼、乌龟、蟹、各种贝蛤类均应鲜、活出售。含有自然毒的贝蛤类，不得出售，应予销毁。

（3）凡因化学物质而中毒致死的贝类，不得食用。

实训一　患病动物及动物产品(病料)的采集和送检

一、实训目的

通过实训,使学生了解病料采集的原则,熟悉动物检疫法律法规,掌握动物及产品的检疫材料处理与送检的技能。

二、实训材料

消毒的刀、剪、镊、一次性注射器、器皿、灭菌试管、青霉素瓶、离心机、不同规格移液器、试管架、5%石炭酸水溶液、抗凝剂、酒精棉球、10%福尔马林溶液或95%酒精、手套、工作服、帽、鞋及检疫工具箱等。

三、实训步骤

(一)病料的采取原则与要求

(1)剖前检查　患病动物(如羊、牛和猪等)急性死亡时,应先检查其是否为炭疽杆菌感染。如怀疑是炭疽,则不可随意剖检,只有在确定不是炭疽时方可剖检。

(2)取材时间　内脏病料的采取,如患畜已死亡,应尽快采集,最迟不超过6h,血液样品采集前应禁食8h,否则时间过长,由肠内侵入的其他细菌,易使尸体腐败,影响病原微生物的检出。

(3)器械的消毒　刀、剪、镊子、注射器、针头等煮沸消毒30min;器皿(玻璃制品、陶制品、珐琅制品等)可用高压灭菌或干烤灭菌;软木塞、橡皮塞置于0.5%石炭酸水溶液中煮沸10min。采取一种病料,使用一套器械和容器,不可混用。

(4)病料采取　应根据不同的传染病,相应地采取该病常侵害的脏器或内容物。如败血性传染病可采取心、肝、脾、肺、肾、淋巴结、胃、肠等;肠毒血症采取小肠及其内容物;有神经症状的传染病采取脑、脊髓等。如无法估计是哪种传染病,可进行全面采取。检查血清抗体时,采取血液,凝固后析出血清,将血清装入灭菌小瓶送检。为了避免杂菌污染,病变检查应待病料采取完毕后再进行。各种组织及液体的病料采取方法如下:

① 脓汁　用灭菌注射器或吸管抽取或吸出脓肿深部的脓汁,置于灭菌试管中。若为开口的化脓灶或鼻腔时,则用无菌棉签浸蘸后,放在灭菌试管中。

② 淋巴结及内脏　将淋巴结、肺、肝、脾及肾等有病变的部位各采取1～

$2cm^3$的小方块，分别置于灭菌试管或平皿中。若为供病理组织切片的材料，应将典型病变部分及相连的健康组织一并切取，组织块的大小每边约 2cm 左右，同时要避免使用金属容器，尤其是当病料供色素检查时(如马传贫、马脑炎及焦虫病等)，更应注意。

③ 血液

血清：以无菌操作吸取血液 10ml，置于灭菌试管中，待血液凝固(经 1～2 天)析出血清后，吸出血清置于另一灭菌试管内，如供血清学反应时，可于每毫升血清中加入 5%石炭酸水溶液 1～2 滴。

全血：采取 10ml 全血，立即注入盛有 3.8%柠檬酸钠 1ml 的灭菌试管中，搓转混合片刻后即可。

心血：心血通常在右心房处采取，先用烧红的铁片或刀片烙烫心肌表面，然后用灭菌的尖刃外科刀自烙烫处刺一小孔，再用灭菌吸管或注射器吸出血液，盛于灭菌试管中。

④ 乳汁　乳房先用消毒药水洗净(取乳者的手亦应事先消毒)，并把乳房附近的毛刷湿，最初所挤的 3～4 股乳汁弃去，然后再采集 10mL 左右乳汁于灭菌试管中。若仅供显微镜直接染色检查，则可于其中加入 0.5%的福尔马林液。

⑤ 胆汁　先用烧红的刀片或铁片烙烫胆囊表面，再用灭菌吸管或注射器刺入胆囊内吸取胆汁，盛于灭菌试管中。

⑥ 肠　用烧红刀片或铁片将欲采取的肠表面烙烫后穿一小孔，持灭菌棉签插入肠内，以便采取肠管黏膜或其内容物；亦可用线扎紧一段肠道(约 6cm)两端，然后将两端切断，置于灭菌器皿内。

⑦ 皮肤　取大小约 10cm×10cm 的皮肤一块，保存于 30%甘油缓冲溶液，或 10%饱和盐水溶液，或 10%福尔马林液中。

⑧ 胎儿　将流产后的整个胎儿，用塑料薄膜、油布或数层不透水的油纸包紧，装入木箱内，立即送往实验室。

⑨ 小家畜及家禽　将整个尸体包入不透水塑料薄膜、油纸或油布中，装入木箱内，送往实验室。

⑩ 骨头　需要完整的骨头标本时，应将附着的肌肉和韧带等全部除去，表面撒上食盐，然后包于浸过 5%石炭酸水或 0.1%升汞液的纱布或麻布中，装于木箱内送到实验室。

⑪ 脑、脊髓　如采取脑、脊髓作病毒检查，可将脑、脊髓浸入 50%甘油盐水液中或将整个头部割下包入浸过 0.1%升汞液的纱布或油布中，装入木箱或铁桶中送检。

供显微镜检查用的脓汁、血液及黏液，可用载玻片做成抹片，组织块可做成触片，然后在两块玻片之间靠近两端边沿处各垫一根火柴棍或牙签，以免抹片或触片上的病料互相接触。如玻片有多张,可按上法依次垫火柴棍或牙签重叠起来,最上面的一张玻片上的涂、抹面应朝下,最后用细线包扎,玻片上应注明号码,并另附说明。

(二)病料的保存

病料采取后,如不能立即检验,或需送往有关单位检验,应当加入适量的保存剂病料尽量保持新鲜状态。

(1)细菌检验材料的保存　将采取的脏器组织块,保存于饱和的氯化钠溶液或30%甘油缓冲盐水溶液中,容器加塞封固。如系液体,可装在封闭的毛细玻管或试管运送。饱和氯化钠溶液的配制法是:蒸馏水100ml、氯化钠38~39g,充分搅拌溶解后,用数层纱布过滤,高压灭菌后备用。30%甘油缓冲盐水溶液的配制法是:中性甘油30ml、氯化钠0.5g、碱性磷酸钠1.0g,加蒸馏水至100ml,混合后高压灭菌备用。

(2)病毒检验材料的保存　将采取的脏器组织块,保存于50%甘油缓冲盐水溶液或鸡蛋生理盐水中,容器加塞封固。50%甘油缓冲盐水溶液的配制法是:氯化钠2.5g、酸性磷酸钠0.46g、碱性磷酸钠10.74g、溶于100ml中性蒸馏水中,加纯中性甘油150ml、中性蒸馏水50ml,混合分装后,高压灭菌备用。鸡蛋生理盐水的配制法是:先将新鲜的鸡蛋表面用碘酒消毒,然后打开将内容物倾入灭菌容器内,按全蛋9份、灭菌生理盐水1份的比例加入,摇匀后用灭菌纱布过滤,再加热至56~58℃,持续30min,第2天及第3天按上法再加热一次,即可备用。

(3)病理组织学检验材料的保存　将采取的脏器组织块放入10%福尔马林溶液或95%酒精中固定,固定液的用量应为送检病料的10倍以上。如用10%福尔马林溶液固定,应在24h后换新鲜溶液一次。严寒季节为防病料冻结,可将上述固定好的组织块取出,保存于甘油和10%福尔马林等量混合液中。

(三)病料的运送

装病料的容器要一一标号,详细记录,并附病料送检单。病料包装容器要牢固,做到安全稳妥。对于危险材料、怕热或怕冷的材料要分别采取措施。一般病原学检验的材料怕热,应放入加有冰块的保温瓶或冷藏箱内送检,如无冰块,可在保温瓶内放入氯化铵450~500g,加水1500ml,上层放病料,这样能使保温瓶内保持0℃达24h。供病理学检验的材料放在10%福尔马林溶液中,不必冷藏。包装好的病料要尽快运送,长途以空运为宜。

四、实训报告

(1)试写一份关于患病动物及动物产品(病料)的采集和送检报告。

实训二　动物产地检疫

一、实训目的

通过实训，知道产地检疫的范围、对象、合格标准，检疫程序及结果处理；能够按照动物产地检疫的程序、方法和要求，进行现场检疫；能对动物产地检疫后做出处理，规范填写检疫合格证明、产地检疫记录等。

二、实训材料

被检疫动物（猪或鸡）、产地检疫调查记录本、产地检疫合格证明和检疫用具等。

三、实训内容及方法

(1)动物检疫员到场入户后，向畜主或有关人员说明来意，出示证件。

(2)流行病学调查　向畜主询问畜禽饲养管理情况。如畜禽的来源、饲养时间、生产性能、健康状况、免疫情况、疫情等。同时观察饲养条件及卫生状况。

(3)向畜主索要免疫证明，并核实是否处在保护期内及证明的真伪。

(4)实施临床检查　依现场条件分别进行群体检查和个体检查。

(5)按规定收取检疫费。

(6)检疫后处理：

① 出具产地检疫合格证明　符合如下要求的出具产地检疫合格证明，即被检动物来自非疫区；临诊检疫健康；被检动物有免疫证，且免疫接种在有效期内；被检动物经必要的实验室检查结果为阴性。

a. 证明的有效时间和空间　有效期一般畜禽为7d，动物产品为30d。有效范围为饲养生产地县内，但外运的则可到达目的地。

b. 产地检疫证明及有关证明的格式和项目填写说明

② 不符合条件的依情况处理。

四、实训作业

简述产地检疫对象、检疫方法。如何出具动物及动物产品产地检疫证明。

实训三　宰前检疫

一、目的要求

通过实训，使学生了解并掌握实施宰前检疫的程序和方法，及时剔出患病和可疑患病动物，维护动物防疫法规的尊严，促进动物免疫接种和动物产地检疫工作实施。

二、实训条件

屠场猪群、体温计、检疫证明等。

三、实训内容及方法

(1)向畜主索取检疫证明：畜主应交验《动物产地检疫合格证明》《出县境动物检疫合格证明》及《动物及动物产品运载工具消毒证明》。

(2)验证查物：审验检疫证明是否符合规定(是否涂改、伪造、逾期)，核对动物种类、数量。

(3)群体检查：观察猪精神、活动等静态、动态是否正常。

(4)个体检查：如群检无异常，也要抽查5%～20%的个体，着重检查体温、呼吸等。

(5)处理：

① 合格者：进入屠宰场(或场内活猪交易市场)待宰，车辆消毒，填《动物及动物产品运载工具消毒证明》的“卸货后经消毒”和“消毒单位”栏，圆珠笔复写，一式二份，二联交畜主(承运单位)，开票收消毒费放行。

② 无检疫证明或证物不符的则补检、重检、补消毒并收费。证明不符合的按规定处理。

③ 病猪或疑似病猪按GB16548—1996等有关规定处理。

(6)学生观察练习，教师抽查学生口述检疫程序和内容。

四、实训报告

宰前检疫的程序内容及处理报告。

实训四　猪的宰后检疫

一、目的要求

通过实训，使学生掌握宰后检验的步骤和方法；必检淋巴结的检验；腰肌和横膈膜肌的检验。

二、实训材料

待检猪一头、检疫工具等。

三、实训内容及方法

（一）头部检查

（1）检查天然孔、皮肤、黏膜有无病变；检查口腔、鼻盘等，有无出血斑、糜烂和水泡，即有无口蹄疫和水泡病。

（2）剖检左右两侧颌下淋巴结。重点检查炭疽、结核。

（3）剖检两侧咬肌，有无囊尾蚴。

（二）皮肤检查

检查是否有出血、充血，确诊有无猪瘟、猪丹毒；检查体表有无水肿、肿瘤和颜色变化，检查有无炭疽、恶性水肿或黄疸等。

（三）内脏检查

（1）肺脏检查：剖检左右支气管淋巴结。

（2）心脏检查。

（3）肝脏检查：剖检肝门淋巴结。

（4）脾脏检查。

（5）胃肠检查：剖检肠系膜淋巴结。

（四）胴体检查

（1）检查皮肤、脂肪、肌肉、胸膜和腹膜等有无病变和放血程度。

（2）淋巴结检查，摘除病变淋巴结。检查包括肩前淋巴结、腹股沟浅淋巴结、髂内淋巴结、髂外淋巴结、腹股沟深淋巴结、股前淋巴结等。

（3）摘除两侧肾上腺。

（4）肾脏、腰肌、膈肌检查。

四、实训报告

完成猪的宰后检疫实训报告

实训五　运输检疫

一、目的要求

通过实训，使学生掌握运输检疫的程序和方法，能正确开具检疫证明。

二、实训条件

(1)动物　被检疫动物及动物产品。

(2)材料与用具　检疫合格证明、酒精棉球、药品、消毒用具、体温表和听诊器等。

三、实训内容及方法

1. 分类

铁路运输检疫、公路运输检疫、航空运输检疫、水路运输检疫及赶运等。

2. 程序和方法

(1)启运前的检疫　动物到达车站、港口、机场后，应先休息 2～3h 后再进行检疫。从到达至装车前的全部检疫过程，应在 6h 以内完成。首先验讫检疫证明，凡检疫证明在 3d 内填发者，车站、港口、机场动检人员只进行抽查或复查，不必详细检查；没有检疫证明，或证物不符又未注明原因的，必须实施补检。对合格者出具检疫证明，准予启运。

(2)运输途中的检疫　检疫时除查验有关检疫证明外，还应深入车、船或飞机仔细检查畜群。若发现染疫动物，立即按规定要求处理。必要时要求装载动物的车船到指定地点接受监督检查处理。待正常安全后方准启运。若在运行中发现病、死畜或可疑病畜时，立即报告主要负责人，并在当地动物检疫人员指导下妥善处理。

(3)运达后的检疫　首先验证查物，如发现病畜或数目不符，禁止卸载。待查清原因后，先卸健畜，再卸病畜或死畜。

3. 运输检疫的出证

运出县境的动物和动物产品由当地县级动物防疫监督机构实施检疫，合格的出具检疫证明。

(1)证明的适用范围和有效期　仅限于县境内使用；有效期从签发日期当天算起，视抵达地点所需要的时间填写。运输动物最长不得超过 7d，运输动物产品最长不超过 30d。

(2)证明格式(见项目三的任务二产地检疫的出证)。

四、实训报告

试填写一份检疫证明。

实训六　种蛋的检疫

一、目的要求

通过实训，使学生掌握各种禽种蛋的检疫方法。

二、实训材料

照蛋器、电源、盛蛋容器、电灯泡、各种禽种蛋。

三、实训内容及方法

1. 感官检查

看：优质种蛋呈标准椭圆形，蛋壳表面有一层霜状粉末，具有各种禽蛋固有光泽；蛋壳表面应清洁，无禽粪、无垫料等污物；蛋壳完好无损、无裂纹、无凹凸不平的现象。

称：蛋的大小适中、符合品种标准，一般重量为 55～70g。

2. 灯光透视检查

采用照蛋器进行。

新鲜种蛋：透视时，气室小，整个蛋呈微红色，蛋黄呈现暗影浮映于蛋内。转动种蛋，蛋黄也随之转动，蛋黄上胚盘看不见，蛋黄表面无血丝、血管。

次、劣质蛋：热伤蛋的气室较大，胚胎或未受精的胚珠暗影扩大，但无血环、血丝、蛋白变稀，蛋黄增大、色暗。无精蛋的蛋白稀薄，蛋黄膨大扁平，色淡；死精蛋胚胎周围有微红的血环。孵化 7～10d 的死雏蛋，气室明显倾斜，蛋内有死雏。

四、实训作业

根据病死动物无害化处理的实际操作过程写出实习报告。

实训七　肉新鲜度的检验

一、实验目的

掌握肉新鲜度的检测方法及卫生评价；了解各项指标测定的原理、方法和意义；进一步了解肉的变化规律。

二、实训内容及方法

肉新鲜度检验，一般采用感官检查和实验室检验方法配合进行。感官检查通常在实验室之前。

(一)感官检查

肉在腐败变质时，由于组织成分的分解，首先使肉品的感官性状发生令人难以接受的改变，如强烈的臭味、异常的色泽等。因此，借助人的感觉器官（嗅觉、视觉、触觉、味觉）来鉴定肉的卫生质量，在理论上是有根据的，而且简便易行，具有一定的实用意义。感官检查正是利用人的感觉器官（嗅觉、视觉、触觉、味觉）对肉进行检查，主要观察肉品表面和切面的状态，如色泽、粘度、弹性、气味及煮沸后肉汤变化等。

(二)实验室检验

1. 挥发性盐基氮的测定

挥发性盐基氮（TVBN）是指动物性食品在腐败过程中，由于细菌和酶作用，使蛋白质分解而产生氨、有机胺等碱性含氮物质，与腐败过程中同时产生的有机酸类结合形成盐基态氮而存在于肉中，因其具有挥发性，故名挥发性盐基氮。肉品中 TVBN 的含量随着腐败变质程度的增加而增加，且与肉品腐败程度之间具有明确的相应关系，因此可用于衡量肉品的新鲜度。TVBN 的测定方法有半微量定氮法和微量扩散法两种。

【器材与试剂】

半微量定氮器、微量加样器（100μl）；

氧化镁混悬液（10g/L）：称取 1.0g 氧化镁，加 100mL 水，振摇成混悬液。

硼酸吸收液（20g/L）：称取硼酸 2.0g，加 100mL 水溶解。

0.010mol/L 盐酸标准溶液：首先精确量取 9mL 化学纯浓盐酸（比重 1.19）移入 1000mL 容量瓶中，加水稀释至刻度，制成 0.100mol/L 盐酸标准溶液。然后精确量取 100mL 0.100mol/L 盐酸标准溶液移入 1000mL 容量瓶中，再加水稀释至刻度处即可。

次甲基蓝水指示剂(1g/L):取0.1g次甲基蓝,溶于100mL水中。

甲基红乙醇指示剂(2g/L):取0.2g甲基红溶于100mL 95%乙醇中。

混合指示液:临用时取次甲基蓝水指示剂和甲基红乙醇指示剂等量混合即成。

【操作方法】

① 肉浸液的制备:将样品除去脂肪、骨和筋腱后剪碎,绞碎搅匀,称取5~10g置于烧杯中,加10倍水,不时振摇,浸渍30min后过滤,滤液置于锥形瓶中备用。

② 样品测定:将盛有10mL硼酸吸收液及5~6滴混合指示液的锥形瓶置于冷凝管下端,并使其下端插入吸收液的液面下。精确吸取5.0mL上述肉浸液小心地从小烧杯处加入蒸馏器反应室内,加5mL氧化镁混悬液(10g/L),迅速盖塞,并加少量水于小烧杯中进行封闭以防漏气。接通电源,加热蒸气发生器,沸腾后立即关闭螺旋夹开始蒸馏。当冷凝管出现第一滴冷凝水时,迅速将冷凝管下端插入锥形瓶内硼酸的液面下(这是本实验的关键步骤!),蒸馏5min。移动接收瓶,使硼酸液面离开冷凝管下口约1cm,并用少量水冲洗冷凝管口外面,继续蒸馏1min。先移开接收瓶,用表面皿覆盖瓶口,然后关闭电源。用盐酸标准溶液(0.01mol/L)滴定,至吸收液由绿色或草绿色变为蓝紫色即为滴定结束。同时用水作试剂空白对照。

计算:

$$\text{TVBN 含量(mg/100g)} = \frac{(V_1+V_2)\cdot N\cdot 14}{m\cdot\frac{5}{10\cdot m}}\cdot 100\cdot(V_1+V_2)\cdot 28$$

式中:V_1——测定样品液消耗盐酸标准溶液体积(mL);

V_2——试剂空白消耗盐酸标准溶液体积(mL);

N——盐酸标准溶液的摩尔浓度(mol/L);

m——样品质量(g);

14——与1.00mol/L盐酸标准溶液1mL相当的氮的质量(mg)。

【判定标准】

我国食品卫生标准中规定各种畜禽肉新鲜度判定指标为:新鲜肉TVBN含量≤15mg/100g。

2. 肉品新鲜度综合判定方法

(1)pH值测定

牲畜生前肌肉pH值为7.1~7.2,屠宰后由于糖原酵解产生乳酸,ATP分解产生磷酸,肉的pH值下降;而肉品腐败分解时,由于蛋白质分解为氨和有机胺类等碱性物质,使肉pH值上升。因此pH值在一定程度上可以表示肉的新鲜度。

【测定方法】 常用 pH 试纸法和酸度计法。

【判定标准】 健康新鲜肉 pH 值 5.8～6.5;非新鲜肉 pH 值≥6.6

(2)粗氨的测定

肉品腐败时产生的氨和有机胺类称为粗氨,粗氨的含量随腐败程度的加深而增多,因此可用于判定肉的新鲜度。测定方法采用纳氏试剂法:粗氨在碱性环境可与纳氏试剂作用,生成黄色或橙色沉淀,其颜色深浅和沉淀物多少能反映肉中粗氨的含量。

【试剂】

纳氏试剂:取 10g 碘化钾,溶于 10mL 水中,连续加入饱和升汞溶液(5.7%氯化汞),并不断搅拌,直至溶液产生的朱红色沉淀不再溶解为止,然后再加 50%氢氧化钠溶液 80mL,冷却后加无氨蒸馏水稀释至 200mL,静置后取上清液移入棕色瓶中备用。

【操作方法】

取两支试管,一支加入 1mL 肉浸液,另一支加入 1mL 无氨蒸馏水作对照。分别向两管中加纳氏试剂 1—10 滴,每加 1 滴都要振摇,并比较试管中溶液颜色深浅程度、透明度、有无浑浊或沉淀等。

【判定标准】

健康新鲜肉:淡黄色透明,或呈黄色轻度混浊,以"－"表示;

非新鲜肉:出现明显混浊或黄色、橙色沉淀,以"＋/＋＋"表示。

(3)球蛋白沉淀试验

肌肉中球蛋白在碱性环境中呈可溶状态,在酸性环境中呈不可溶状态。新鲜肉呈酸性反应,故肉浸液中无球蛋白存在;而腐败时由于大量有机胺和氨的产生而呈碱性,故肉浸液中溶有球蛋白,且随腐败程度加重其含量也增加。本试验采用 $CuSO_4$ 溶液作为试剂,使 Cu^{2+} 与被检肉浸液中球蛋白结合形成沉淀来判定肉浸液中是否含有球蛋白,并以此来检验肉的新鲜度。

【试剂】$CuSO_4$ 溶液(100g/L)。

【操作方法】

取两支小试管,一支加入 2mL 肉浸液,另一支加入 2mL 水作对照。分别向两管中滴加 $CuSO_4$ 溶液 5 滴,充分振摇后观察。

【判定标准】

新鲜肉:溶液呈淡蓝色完全透明或微浑浊,以"－"表示;

非新鲜肉:溶液出现明显浑浊、明显絮状物或白色沉淀,以"＋/＋＋"表示。

(4)硫化氢的测定

肉自溶和腐败时蛋白质分解可释放出 H_2S,因此测定 H_2S 的存在与否可判定肉品的新鲜程度。本实验根据 H_2S 在碱性环境中与醋酸铅发生反应生成黑色的硫化铅的原理，观察硫化铅呈色的深浅，判断肉品的新鲜度。

【试剂】

醋酸铅碱性试纸：于醋酸铅溶液（100g/L）中加入氢氧化钠溶液（100g/L）至沉淀析出。将滤纸条浸入数分钟后取出阴干，保存备用。

【操作方法】

取约 20g 肉样，剪成米粒大小，置 100mL 具塞瓶中，向瓶中挂醋酸铅碱性试纸一张（或使用前用醋酸铅将滤纸浸湿），使其下端接近但不触及肉表面，另一端固定于瓶口，塞紧瓶塞，静置 15min 后观察滤纸条颜色变化。

【判定标准】

健康新鲜肉：滤纸条无变化，以“－”表示；

非新鲜肉：滤纸条变成褐色，以“＋”表示。

(5)过氧化物酶反应

健康动物新鲜肉中含有过氧化物酶，而非新鲜肉过氧化物酶显著减少或缺乏。在肉浸液中加入过氧化物，肉浸液中若含有过氧化物酶则可以从过氧化物中裂解出氧使指示剂氧化而改变颜色。目前常用方法为试管法和试纸法。

① 试管法

【试剂】

A　联苯胺乙醇溶液（2g/L）：称取 0.2g 联苯胺溶解于 100mL95％乙醇中，置棕色瓶内保存，有效期不超过 1 个月。

B　1％过氧化氢溶液：取 1 份 30％过氧化氢溶液与 29 份水混合即成，临用时配制。

【操作方法】

取两支小试管，一支试管中加入 2mL 肉浸液，另一支加入 2mL 蒸馏水作对照。向两管中各加入 4～5 滴联苯胺乙醇溶液，充分振摇后加入过氧化氢溶液 3 滴，立即观察颜色变化及其速度和程度（注：加入过氧化氢后不得振摇！）。

【判定标准】

健康新鲜肉：立即或数秒内呈蓝色，以“＋”表示；

可疑肉：2－3min 出现淡青棕色或无明显颜色变化，以“－”表示。

② 试纸法

过氧化物酶反应试纸的制备：将无菌滤纸条浸泡于联苯胺乙醇溶液中，过夜干燥后 4℃冷藏备用。

【试剂】

过氧化物酶反应试剂、过氧化物酶反应试纸。

【操作方法】

剪取肉样小块，置于平皿中，新鲜断面朝上。取酶反应试纸一张贴于肉样新鲜断面上，按压试纸使之与断面紧密贴附。待纸片充分浸湿后置平板上，滴 1 滴加酶反应试剂 B，立即观察变化。

【判定标准】

健康新鲜肉：试纸呈现鲜艳的蓝色，以"＋"表示；

可疑肉：试纸片不出现上述变化或数秒后呈现淡蓝色，以"－"表示。

注：(1)用上面综合判定法(1)(2)(3)(5)不能区分病死动物肉、过度疲劳动物肉和非新鲜肉。

(2)H_2S 测定也可能受到动物生前产生的 H_2S 和腐败变质程度的影响。

三、实训作业

根据实验完成实训报告。

实训八　鲜蛋及蛋制品的卫生检验

一、目的要求

了解并掌握新鲜蛋的感官检查方法和判定标准;了解鲜蛋比重的测定方法和判定标准。

二、实训内容及方法

(一)感官检查

1. 检查方法

先用肉眼观察蛋的大小、形状、洁净度、有无霉斑等;然后仔细检查蛋壳表面有无裂纹和破损;之后将蛋放在手中使其相互碰击,细听其声;还可嗅蛋的气味是否正常,有无异常气味。必要时打开蛋壳检查下列指标:蛋黄状况、蛋白状况、系带状况、气味和滋味等。

2. 判定标准

鲜蛋:蛋壳应清洁完整;灯光透视,整个蛋呈微红色,蛋黄不见或略见阴影;打开后,蛋黄凸起、完整、有韧性,蛋白澄清透明、稀稠分明。

陈蛋:蛋表皮的粉霜脱落,皮色油亮或乌黑,碰撞响声空洞,在手中掂动有轻飘感。打开时蛋黄扁平、膜松弛、蛋白稀薄、浓蛋白减少、稀蛋白增多、系带松弛。

腐败变质蛋:其形态、色泽、清洁度、完整性均有一定的变化。如腐败蛋外壳常呈灰白色。打开时如为散黄蛋,黄、白相混,浓蛋白极少或无,无异味;如为泻黄蛋,黄、白变稀,混浊,有不愉快气味;如为腐败蛋,蛋白变为绿色甚至黑绿色,蛋黄也由橘黄色变为黑绿色或黑色的液状物,并带有强烈的硫化氢臭味;如为霉蛋,蛋白发生溶解、黄白混合,蛋壳膜形成霉斑,蛋白颜色变黑,并具有霉味。

(二)灯光透视检查

利用照蛋器的灯光来透视检蛋,可见到气室的大小、内容物的透光程度、蛋黄移动的阴影及蛋内有无污斑、黑点和异物等。灯光照蛋方法简便易行,对鲜蛋的质量有决定性把握。

(1)检验方法

① 照蛋:在暗室中将蛋的大头紧贴照蛋器的洞口上,使蛋的纵轴与照蛋器约成30°。倾斜,先观察气室大小和内容物的透光程度,然后上下左右轻轻转

动,根据蛋内容物移动情况来判断气室的稳定状态和蛋黄、胚盘的稳定程度,以及蛋内有无污斑、黑点和游动物等。

② 气室测量:蛋在贮存过程中,由于蛋内水分不断蒸发,致使气室空间日益增长。因此,测定气室的高度,有助于判定蛋的新鲜程度。

气室的测量是由特制的气室测量规尺测量后,加以计算来完成。气室测量规尺是一个刻有平行线的半圆形切口的透明塑料板。测量时,先将气室测量规尺固定在照蛋孔上缘,将蛋的大头端向上正直地嵌入半圆形的切口内,在照蛋的同时即可测出气室的高度与直径,读取气室左右两端落在规尺刻线上的数值(即气室左、右边的高度),按下式计算:

气室高度=气室左边的高度+气室右边的高度

(2)判定标准

① 最新鲜蛋:透视全蛋呈橘红色,蛋黄不显现,内容物不流动,气室高 4mm 以内。

② 新鲜蛋:透视全蛋呈红黄色,蛋黄所在处颜色稍深,蛋黄稍有转动,气室高 5~7mm 以内,此系产后约 2 周以内的蛋,可供冷冻贮存。

③ 普通蛋:内容物呈红黄色,蛋黄阴影清楚,能够转动,且位置上移,不再居于中央。气室高度 10mm 以内,且能动。此系产后 2~3 个月的蛋,应快速销售,不宜贮存。

④ 可食蛋:因浓蛋白完全水解,蛋黄显见、易摇动,且上浮而接近蛋壳(贴壳蛋)。气室移动,高达 10mm 以上。这种蛋应快速销售,只作普通食用蛋,不宜作蛋制品加工原料。

⑤ 次品蛋(结合将蛋打开检查)　a 热伤蛋;b 早期胚胎发育蛋;c 红贴壳蛋;d 轻度黑贴壳蛋;e 散黄蛋;f 轻度霉蛋。

⑥ 变质蛋和孵化蛋　a 重度黑贴壳蛋;b 重度霉蛋;c 泻黄蛋;d 黑腐蛋;e 晚期胚胎发育蛋(孵化蛋)。

(三)开蛋检验

1. 蛋黄指数的测定

(1)原理:蛋黄指数(又称蛋黄系数)是蛋黄高度除以蛋黄横径所得的商。蛋越新鲜,蛋黄膜包得越紧,蛋黄指数就越高;反之,蛋黄指数就越低。因此,蛋黄指数可表明蛋的新鲜程度。

(2)操作方法:把鸡蛋打在一洁净、干燥的平底白瓷盘内,用蛋黄指数测定仪量取蛋黄最高点的高度和最宽处的宽度。测量时注意不要弄破蛋黄膜。

(3)计算

$$蛋黄指数=\frac{蛋黄高度(mm)}{蛋黄宽度(mm)}$$

(4)判定标准:新鲜蛋的蛋黄指数一般为0.40～0.44;次鲜蛋为0.35～0.40;合格蛋为0.30～0.35。

2. 蛋pH值的测定

(1)原理:蛋在储存时,由于蛋内CO_2逸出,加之蛋白质在微生物和自溶酶的作用下不断分解,产生氮及氨态化合物,使蛋内pH值向碱性方向变化。但当蛋接近变质时,蛋pH值有下降的趋势。因此,蛋pH值的测定仅作为参考指标。

(2)操作方法:将蛋打开,取1份蛋白(全蛋或蛋黄)与9份水混匀,用酸度计测定pH值。

(3)判定标准:新鲜鸡蛋的pH为:蛋白7.3～8.0;全蛋6.7～7.1;蛋黄6.2～6.6。

三、实训作业

根据实验完成实训报告。

实训九　乳及乳制品检验

一、目的要求

学会并掌握乳及乳制品掺假的检测方法。

二、实训条件

伊利或蒙牛纯牛奶、蒙牛酸酸乳饮料(超级女声)、食堂豆浆

三、实训内容及方法

1. 乳品中掺淀粉、米汁的定性检测

原理:牛乳中掺淀粉、米汁,通过碘溶液会发生颜色变化。

试剂:20%醋酸溶液。

碘溶液:称取 4g 碘化钾,溶于适量水中,加 2g 碘,待碘完全溶化后,移入 100mL 容量瓶中,以水定容至刻度。

操作方法:取乳样 10mL 于试管中,加 0.5mL 碘试剂及 20%醋酸溶液,如牛乳中掺淀粉、米汁,则呈蓝色或蓝青色;如掺入糊精类,则为红紫色。

2. 乳品中豆浆、豆饼水的检测

原理:牛乳中掺豆浆、豆饼水,通过碘溶液会发生颜色变化。

试剂:碘溶液。

碘溶液:称取 4g 碘化钾,溶于适量水中,加 2g 碘,待碘完全溶化后,移入 100mL 容量瓶中,以水定容至刻度。

操作方法:取乳样 10mL 于试管中,加 0.5mL 碘试剂,混匀,观察颜色变化。同时,做正常乳的对照试验。正常乳呈橙黄色,掺豆浆乳呈浅绿色。本法最低可以检出 5%的豆浆。

3. 掺尿素的检测【格里斯(Gruess)试剂定性法】

原理:牛乳中加入 1%亚硝酸钠溶液及浓硫酸后,加入格里斯试剂会使掺尿素的牛乳出现特殊颜色。

格里斯试剂:称取酒石酸 89g 与氨基苯磺酸 10g 及 α—萘胺 1g 混合研磨成粉末,贮于棕色瓶中;浓硫酸;1%亚硝酸钠溶液。

操作方法:取乳样 3mL 于试管中,加 1%亚硝酸钠溶液及浓硫酸 1mL,摇匀,放置 5min,待泡沫消失后,加格里斯试剂 0.5g,摇匀,观察颜色变化,同时做正常乳对照试验。紫色为正常乳,本法为定性检测。

4. 乳中掺防腐剂(水杨酸与苯甲酸)的检测方法:三氯化铁呈色反应定性法

试剂:10%氢氧化钠溶液;盐酸;无水乙醚;无水硫酸钠;1+1 氨水;1%三氯化铁溶液;10%亚硝酸钾溶液;50%乙酸;10%硫酸铜溶液。

操作方法:取乳样 100mL 于锥形瓶中,加 10%氢氧化钠溶液 5mL,搅匀、再加 10%硫酸铜溶液 10mL,搅匀,过滤。收集于分液漏斗中,加盐酸 5mL、乙醚 75mL,萃取。收集乙醚层于另一分液漏斗中,加水 5mL 洗涤乙醚层,反复几次,收集乙醚,经无水硫酸钠脱水,微温除乙醚。残渣加 1+1 氨水 1mL 溶解,水浴蒸干,加水 2mL 溶解,取 1mL 于试管中,加 1%三氯化铁溶液,观察试管中颜色变化。

判定:如试管中颜色呈肉色沉淀,疑有苯甲酸;如产生深紫色,疑有水杨酸。

本法为定性检测。同时做正常乳对照试验。

确证试验:取残渣溶于少量热水中,冷却后加 5 滴 10%亚硝酸钾溶液、5 滴 50%乙酸、1 滴 10%硫酸铜溶液,混匀,煮沸 30min,放置片刻。如有水杨酸时呈血红色,苯甲酸不显色。

5. 乳新鲜度的快速检验:煮沸和酒精试验

(1)煮沸试验:取乳样 10ml 于试管中,置沸水浴中加热 5min 后观察,不得有凝块或絮片状物产生,否则表示乳不新鲜,且酸度大于 26°T。

(2)酒精试验:在试管内用等量的中性酒精和牛乳混合(1~2ml),振摇后不出现絮片的牛乳,其酸度低于 18°T,为新鲜乳;

如出现絮片,表明酸度高于 18°T,为次鲜、变质乳或掺入了陈乳。

四、实训作业

记录每种检测结果并如实反应在实验结果报告上。

附录一　中华人民共和国动物防疫法

【发布单位】:第十届全国人民代表大会常务委员会

【发布文号】:中华人民共和国主席令第七十一号

【发布日期】:2007.08.30

【生效日期】:2008.01.01

目　录

第一章　总　则

第一条　为了加强对动物防疫活动的管理,预防、控制和扑灭动物疫病,促进养殖业发展,保护人体健康,维护公共卫生安全,制定本法。

第二条　本法适用于在中华人民共和国领域内的动物防疫及其监督管理活动。

进出境动物、动物产品的检疫,适用《中华人民共和国进出境动植物检疫法》。

第三条　本法所称动物,是指家畜家禽和人工饲养、合法捕获的其他动物。

本法所称动物产品,是指动物的肉、生皮、原毛、绒、脏器、脂、血液、精液、卵、胚胎、骨、蹄、头、角、筋以及可能传播动物疫病的奶、蛋等。

本法所称动物疫病，是指动物传染病、寄生虫病。

本法所称动物防疫，是指动物疫病的预防、控制、扑灭和动物、动物产品的检疫。

第四条　根据动物疫病对养殖业生产和人体健康的危害程度，本法规定管理的动物疫病分为下列三类：

（一）一类疫病，是指对人与动物危害严重，需要采取紧急、严厉的强制预防、控制、扑灭等措施的；

（二）二类疫病，是指可能造成重大经济损失，需要采取严格控制、扑灭等措施，防止扩散的；

（三）三类疫病，是指常见多发、可能造成重大经济损失，需要控制和净化的。

前款一、二、三类动物疫病具体病种名录由国务院兽医主管部门制定并公布。

第五条　国家对动物疫病实行预防为主的方针。

第六条　县级以上人民政府应当加强对动物防疫工作的统一领导，加强基层动物防疫队伍建设，建立健全动物防疫体系，制定并组织实施动物疫病防治规划。

乡级人民政府、城市街道办事处应当组织群众协助做好本管辖区域内的动物疫病预防与控制工作。

第七条　国务院兽医主管部门主管全国的动物防疫工作。

县级以上地方人民政府兽医主管部门主管本行政区域内的动物防疫工作。

县级以上人民政府其他部门在各自的职责范围内做好动物防疫工作。

军队和武装警察部队动物卫生监督职能部门分别负责军队和武装警察部队现役动物及饲养自用动物的防疫工作。

第八条　县级以上地方人民政府设立的动物卫生监督机构依照本法规定，负责动物、动物产品的检疫工作和其他有关动物防疫的监督管理执法工作。

第九条　县级以上人民政府按照国务院的规定，根据统筹规划、合理布局、综合设置的原则建立动物疫病预防控制机构，承担动物疫病的监测、检测、诊断、流行病学调查、疫情报告以及其他预防、控制等技术工作。

第十条　国家支持和鼓励开展动物疫病的科学研究以及国际合作与交流，推广先进适用的科学研究成果，普及动物防疫科学知识，提高动物疫病防治的科学技术水平。

第十一条　对在动物防疫工作、动物防疫科学研究中做出成绩和贡献的单位和个人，各级人民政府及有关部门给予奖励。

第二章　动物疫病的预防

第十二条　国务院兽医主管部门对动物疫病状况进行风险评估，根据评估结果制定相应的动物疫病预防、控制措施。

国务院兽医主管部门根据国内外动物疫情和保护养殖业生产及人体健康的需要，及时制定并公布动物疫病预防、控制技术规范。

第十三条　国家对严重危害养殖业生产和人体健康的动物疫病实施强制免疫。国务院兽医主管部门确定强制免疫的动物疫病病种和区域，并会同国务院有关部门制定国家动物疫病强制免疫计划。

省、自治区、直辖市人民政府兽医主管部门根据国家动物疫病强制免疫计划，制订本行政区域的强制免疫计划；并可以根据本行政区域内动物疫病流行情况增加实施强制免疫的动物疫病病种和区域，报本级人民政府批准后执行，并报国务院兽医主管部门备案。

第十四条　县级以上地方人民政府兽医主管部门组织实施动物疫病强制免疫计划。乡级人民政府、城市街道办事处应当组织本管辖区域内饲养动物的单位和个人做好强制免疫工作。

饲养动物的单位和个人应当依法履行动物疫病强制免疫义务，按照兽医主管部门的要求做好强制免疫工作。

经强制免疫的动物，应当按照国务院兽医主管部门的规定建立免疫档案，加施畜禽标识，实施可追溯管理。

第十五条　县级以上人民政府应当建立健全动物疫情监测网络，加强动物疫情监测。

国务院兽医主管部门应当制定国家动物疫病监测计划。省、自治区、直辖市人民政府兽医主管部门应当根据国家动物疫病监测计划，制定本行政区域的动物疫病监测计划。

动物疫病预防控制机构应当按照国务院兽医主管部门的规定，对动物疫病的发生、流行等情况进行监测；从事动物饲养、屠宰、经营、隔离、运输以及动物产品生产、经营、加工、贮藏等活动的单位和个人不得拒绝或者阻碍。

第十六条　国务院兽医主管部门和省、自治区、直辖市人民政府兽医主管部门应当根据对动物疫病发生、流行趋势的预测，及时发出动物疫情预警。地方各级人民政府接到动物疫情预警后，应当采取相应的预防、控制措施。

第十七条　从事动物饲养、屠宰、经营、隔离、运输以及动物产品生产、经营、加工、贮藏等活动的单位和个人，应当依照本法和国务院兽医主管部门的规定，做好免疫、消毒等动物疫病预防工作。

第十八条　种用、乳用动物和宠物应当符合国务院兽医主管部门规定的健康标准。

种用、乳用动物应当接受动物疫病预防控制机构的定期检测；检测不合格的，应当按照国务院兽医主管部门的规定予以处理。

第十九条　动物饲养场（养殖小区）和隔离场所，动物屠宰加工场所，以及动物和动物产品无害化处理场所，应当符合下列动物防疫条件：

（一）场所的位置与居民生活区、生活饮用水源地、学校、医院等公共场所的距离符合国务院兽医主管部门规定的标准；

（二）生产区封闭隔离，工程设计和工艺流程符合动物防疫要求；

（三）有相应的污水、污物、病死动物、染疫动物产品的无害化处理设施设备和清洗消毒设施设备；

（四）有为其服务的动物防疫技术人员；

（五）有完善的动物防疫制度；

（六）具备国务院兽医主管部门规定的其他动物防疫条件。

第二十条　兴办动物饲养场（养殖小区）和隔离场所，动物屠宰加工场所，以及动物和动物产品无害化处理场所，应当向县级以上地方人民政府兽医主管部门提出申请，并附具相关材料。受理申请的兽医主管部门应当依照本法和《中华人民共和国行政许可法》的规定进行审查。经审查合格的，发给动物防疫条件合格证；不合格的，应当通知申请人并说明理由。需要办理工商登记的，申请人凭动物防疫条件合格证向工商行政管理部门申请办理登记注册手续。

动物防疫条件合格证应当载明申请人的名称、场（厂）址等事项。

经营动物、动物产品的集贸市场应当具备国务院兽医主管部门规定的动物防疫条件，并接受动物卫生监督机构的监督检查。

第二十一条　动物、动物产品的运载工具、垫料、包装物、容器等应当符合国务院兽医主管部门规定的动物防疫要求。

染疫动物及其排泄物、染疫动物产品，病死或者死因不明的动物尸体，运载工具中的动物排泄物以及垫料、包装物、容器等污染物，应当按照国务院兽医主管部门的规定处理，不得随意处置。

第二十二条　采集、保存、运输动物病料或者病原微生物以及从事病原微生物研究、教学、检测、诊断等活动，应当遵守国家有关病原微生物实验室管理的规定。

第二十三条　患有人畜共患传染病的人员不得直接从事动物诊疗以及易感染动物的饲养、屠宰、经营、隔离、运输等活动。

人畜共患传染病名录由国务院兽医主管部门会同国务院卫生主管部门制

定并公布。

第二十四条　国家对动物疫病实行区域化管理，逐步建立无规定动物疫病区。无规定动物疫病区应当符合国务院兽医主管部门规定的标准，经国务院兽医主管部门验收合格予以公布。

本法所称无规定动物疫病区，是指具有天然屏障或者采取人工措施，在一定期限内没有发生规定的一种或者几种动物疫病，并经验收合格的区域。

第二十五条　禁止屠宰、经营、运输下列动物和生产、经营、加工、贮藏、运输下列动物产品：

（一）封锁疫区内与所发生动物疫病有关的；

（二）疫区内易感染的；

（三）依法应当检疫而未经检疫或者检疫不合格的；

（四）染疫或者疑似染疫的；

（五）病死或者死因不明的；

（六）其他不符合国务院兽医主管部门有关动物防疫规定的。

第三章　动物疫情的报告、通报和公布

第二十六条　从事动物疫情监测、检验检疫、疫病研究与诊疗以及动物饲养、屠宰、经营、隔离、运输等活动的单位和个人，发现动物染疫或者疑似染疫的，应当立即向当地兽医主管部门、动物卫生监督机构或者动物疫病预防控制机构报告，并采取隔离等控制措施，防止动物疫情扩散。其他单位和个人发现动物染疫或者疑似染疫的，应当及时报告。

接到动物疫情报告的单位，应当及时采取必要的控制处理措施，并按照国家规定的程序上报。

第二十七条　动物疫情由县级以上人民政府兽医主管部门认定；其中重大动物疫情由省、自治区、直辖市人民政府兽医主管部门认定，必要时报国务院兽医主管部门认定。

第二十八条　国务院兽医主管部门应当及时向国务院有关部门和军队有关部门以及省、自治区、直辖市人民政府兽医主管部门通报重大动物疫情的发生和处理情况；发生人畜共患传染病的，县级以上人民政府兽医主管部门与同级卫生主管部门应当及时相互通报。

国务院兽医主管部门应当依照我国缔结或者参加的条约、协定，及时向有关国际组织或者贸易方通报重大动物疫情的发生和处理情况。

第二十九条　国务院兽医主管部门负责向社会及时公布全国动物疫情，也

可以根据需要授权省、自治区、直辖市人民政府兽医主管部门公布本行政区域内的动物疫情。其他单位和个人不得发布动物疫情。

第三十条　任何单位和个人不得瞒报、谎报、迟报、漏报动物疫情，不得授意他人瞒报、谎报、迟报动物疫情，不得阻碍他人报告动物疫情。

第四章　动物疫病的控制和扑灭

第三十一条　发生一类动物疫病时，应当采取下列控制和扑灭措施：

（一）当地县级以上地方人民政府兽医主管部门应当立即派人到现场，划定疫点、疫区、受威胁区，调查疫源，及时报请本级人民政府对疫区实行封锁。疫区范围涉及两个以上行政区域的，由有关行政区域共同的上一级人民政府对疫区实行封锁，或者由各有关行政区域的上一级人民政府共同对疫区实行封锁。必要时，上级人民政府可以责成下级人民政府对疫区实行封锁。

（二）县级以上地方人民政府应当立即组织有关部门和单位采取封锁、隔离、扑杀、销毁、消毒、无害化处理、紧急免疫接种等强制性措施，迅速扑灭疫病。

（三）在封锁期间，禁止染疫、疑似染疫和易感染的动物、动物产品流出疫区，禁止非疫区的易感染动物进入疫区，并根据扑灭动物疫病的需要对出入疫区的人员、运输工具及有关物品采取消毒和其他限制性措施。

第三十二条　发生二类动物疫病时，应当采取下列控制和扑灭措施：

（一）当地县级以上地方人民政府兽医主管部门应当划定疫点、疫区、受威胁区。

（二）县级以上地方人民政府根据需要组织有关部门和单位采取隔离、扑杀、销毁、消毒、无害化处理、紧急免疫接种、限制易感染的动物和动物产品及有关物品出入等控制、扑灭措施。

第三十三条　疫点、疫区、受威胁区的撤销和疫区封锁的解除，按照国务院兽医主管部门规定的标准和程序评估后，由原决定机关决定并宣布。

第三十四条　发生三类动物疫病时，当地县级、乡级人民政府应当按照国务院兽医主管部门的规定组织防治和净化。

第三十五条　二、三类动物疫病呈暴发性流行时，按照一类动物疫病处理。

第三十六条　为控制、扑灭动物疫病，动物卫生监督机构应当派人在当地依法设立的现有检查站执行监督检查任务；必要时，经省、自治区、直辖市人民政府批准，可以设立临时性的动物卫生监督检查站，执行监督检查任务。

第三十七条　发生人畜共患传染病时，卫生主管部门应当组织对疫区易感染的人群进行监测，并采取相应的预防、控制措施。

第三十八条　疫区内有关单位和个人，应当遵守县级以上人民政府及其兽医主管部门依法做出的有关控制、扑灭动物疫病的规定。

任何单位和个人不得藏匿、转移、盗掘已被依法隔离、封存、处理的动物和动物产品。

第三十九条　发生动物疫情时，航空、铁路、公路、水路等运输部门应当优先组织运送控制、扑灭疫病的人员和有关物资。

第四十条　一、二、三类动物疫病突然发生，迅速传播，给养殖业生产安全造成严重威胁、危害，以及可能对公众身体健康与生命安全造成危害，构成重大动物疫情的，依照法律和国务院的规定采取应急处理措施。

第五章　动物和动物产品的检疫

第四十一条　动物卫生监督机构依照本法和国务院兽医主管部门的规定对动物、动物产品实施检疫。

动物卫生监督机构的官方兽医具体实施动物、动物产品检疫。官方兽医应当具备规定的资格条件，取得国务院兽医主管部门颁发的资格证书，具体办法由国务院兽医主管部门会同国务院人事行政部门制定。

本法所称官方兽医，是指具备规定的资格条件并经兽医主管部门任命的，负责出具检疫等证明的国家兽医工作人员。

第四十二条　屠宰、出售或者运输动物以及出售或者运输动物产品前，货主应当按照国务院兽医主管部门的规定向当地动物卫生监督机构申报检疫。

动物卫生监督机构接到检疫申报后，应当及时指派官方兽医对动物、动物产品实施现场检疫；检疫合格的，出具检疫证明、加施检疫标志。实施现场检疫的官方兽医应当在检疫证明、检疫标志上签字或者盖章，并对检疫结论负责。

第四十三条　屠宰、经营、运输以及参加展览、演出和比赛的动物，应当附有检疫证明；经营和运输的动物产品，应当附有检疫证明、检疫标志。

对前款规定的动物、动物产品，动物卫生监督机构可以查验检疫证明、检疫标志，进行监督抽查，但不得重复检疫收费。

第四十四条　经铁路、公路、水路、航空运输动物和动物产品的，托运人托运时应当提供检疫证明；没有检疫证明的，承运人不得承运。

运载工具在装载前和卸载后应当及时清洗、消毒。

第四十五条　输入到无规定动物疫病区的动物、动物产品，货主应当按照国务院兽医主管部门的规定向无规定动物疫病区所在地动物卫生监督机构申报检疫，经检疫合格的，方可进入；检疫所需费用纳入无规定动物疫病区所在地地方人民政府财政预算。

第四十六条 跨省、自治区、直辖市引进乳用动物、种用动物及其精液、胚胎、种蛋的，应当向输入地省、自治区、直辖市动物卫生监督机构申请办理审批手续，并依照本法第四十二条的规定取得检疫证明。

跨省、自治区、直辖市引进的乳用动物、种用动物到达输入地后，货主应当按照国务院兽医主管部门的规定对引进的乳用动物、种用动物进行隔离观察。

第四十七条 人工捕获的可能传播动物疫病的野生动物，应当报经捕获地动物卫生监督机构检疫，经检疫合格的，方可饲养、经营和运输。

第四十八条 经检疫不合格的动物、动物产品，货主应当在动物卫生监督机构监督下按照国务院兽医主管部门的规定处理，处理费用由货主承担。

第四十九条 依法进行检疫需要收取费用的，其项目和标准由国务院财政部门、物价主管部门规定。

第六章 动物诊疗

第五十条 从事动物诊疗活动的机构，应当具备下列条件：

（一）有与动物诊疗活动相适应并符合动物防疫条件的场所；

（二）有与动物诊疗活动相适应的执业兽医；

（三）有与动物诊疗活动相适应的兽医器械和设备；

（四）有完善的管理制度。

第五十一条 设立从事动物诊疗活动的机构，应当向县级以上地方人民政府兽医主管部门申请动物诊疗许可证。受理申请的兽医主管部门应当依照本法和《中华人民共和国行政许可法》的规定进行审查。经审查合格的，发给动物诊疗许可证；不合格的，应当通知申请人并说明理由。申请人凭动物诊疗许可证向工商行政管理部门申请办理登记注册手续，取得营业执照后，方可从事动物诊疗活动。

第五十二条 动物诊疗许可证应当载明诊疗机构名称、诊疗活动范围、从业地点和法定代表人（负责人）等事项。

动物诊疗许可证载明事项变更的，应当申请变更或者换发动物诊疗许可证，并依法办理工商变更登记手续。

第五十三条 动物诊疗机构应当按照国务院兽医主管部门的规定，做好诊疗活动中的卫生安全防护、消毒、隔离和诊疗废弃物处置等工作。

第五十四条 国家实行执业兽医资格考试制度。具有兽医相关专业大学专科以上学历的，可以申请参加执业兽医资格考试；考试合格的，由国务院兽医主管部门颁发执业兽医资格证书；从事动物诊疗的，还应当向当地县级人民政府兽医主管部门申请注册。执业兽医资格考试和注册办法由国务院兽医主管部门商国务院人事行政部门制定。

本法所称执业兽医，是指从事动物诊疗和动物保健等经营活动的兽医。

第五十五条　经注册的执业兽医，方可从事动物诊疗、开具兽药处方等活动。但是，本法第五十七条对乡村兽医服务人员另有规定的，从其规定。

执业兽医、乡村兽医服务人员应当按照当地人民政府或者兽医主管部门的要求，参加预防、控制和扑灭动物疫病的活动。

第五十六条　从事动物诊疗活动，应当遵守有关动物诊疗的操作技术规范，使用符合国家规定的兽药和兽医器械。

第五十七条　乡村兽医服务人员可以在乡村从事动物诊疗服务活动，具体管理办法由国务院兽医主管部门制定。

第七章　监督管理

第五十八条　动物卫生监督机构依照本法规定，对动物饲养、屠宰、经营、隔离、运输以及动物产品生产、经营、加工、贮藏、运输等活动中的动物防疫实施监督管理。

第五十九条　动物卫生监督机构执行监督检查任务，可以采取下列措施，有关单位和个人不得拒绝或者阻碍：

（一）对动物、动物产品按照规定采样、留验、抽检；

（二）对染疫或者疑似染疫的动物、动物产品及相关物品进行隔离、查封、扣押和处理；

（三）对依法应当检疫而未经检疫的动物实施补检；

（四）对依法应当检疫而未经检疫的动物产品，具备补检条件的实施补检，不具备补检条件的予以没收销毁；

（五）查验检疫证明、检疫标志和畜禽标识；

（六）进入有关场所调查取证，查阅、复制与动物防疫有关的资料。

动物卫生监督机构根据动物疫病预防、控制需要，经当地县级以上地方人民政府批准，可以在车站、港口、机场等相关场所派驻官方兽医。

第六十条　官方兽医执行动物防疫监督检查任务，应当出示行政执法证件，佩戴统一标志。

动物卫生监督机构及其工作人员不得从事与动物防疫有关的经营性活动，进行监督检查不得收取任何费用。

第六十一条　禁止转让、伪造或者变造检疫证明、检疫标志或者畜禽标识。

检疫证明、检疫标志的管理办法，由国务院兽医主管部门制定。

第八章　保障措施

第六十二条　县级以上人民政府应当将动物防疫纳入本级国民经济和社会发展规划及年度计划。

第六十三条　县级人民政府和乡级人民政府应当采取有效措施，加强村级防疫员队伍建设。

县级人民政府兽医主管部门可以根据动物防疫工作需要，向乡、镇或者特定区域派驻兽医机构。

第六十四条　县级以上人民政府按照本级政府职责，将动物疫病预防、控制、扑灭、检疫和监督管理所需经费纳入本级财政预算。

第六十五条　县级以上人民政府应当储备动物疫情应急处理工作所需的防疫物资。

第六十六条　对在动物疫病预防和控制、扑灭过程中强制扑杀的动物、销毁的动物产品和相关物品，县级以上人民政府应当给予补偿。具体补偿标准和办法由国务院财政部门会同有关部门制定。

因依法实施强制免疫造成动物应激死亡的，给予补偿。具体补偿标准和办法由国务院财政部门会同有关部门制定。

第六十七条　对从事动物疫病预防、检疫、监督检查、现场处理疫情以及在工作中接触动物疫病病原体的人员，有关单位应当按照国家规定采取有效的卫生防护措施和医疗保健措施。

第九章　法律责任

第六十八条　地方各级人民政府及其工作人员未依照本法规定履行职责的，对直接负责的主管人员和其他直接责任人员依法给予处分。

第六十九条　县级以上人民政府兽医主管部门及其工作人员违反本法规定，有下列行为之一的，由本级人民政府责令改正，通报批评；对直接负责的主管人员和其他直接责任人员依法给予处分：

（一）未及时采取预防、控制、扑灭等措施的；

（二）对不符合条件的颁发动物防疫条件合格证、动物诊疗许可证，或者对符合条件的拒不颁发动物防疫条件合格证、动物诊疗许可证的；

（三）其他未依照本法规定履行职责的行为。

第七十条　动物卫生监督机构及其工作人员违反本法规定，有下列行为之一的，由本级人民政府或者兽医主管部门责令改正，通报批评；对直接负责的主管人员和其他直接责任人员依法给予处分：

（一）对未经现场检疫或者检疫不合格的动物、动物产品出具检疫证明、加施检疫标志，或者对检疫合格的动物、动物产品拒不出具检疫证明、加施检疫标志的；

（二）对附有检疫证明、检疫标志的动物、动物产品重复检疫的；

（三）从事与动物防疫有关的经营性活动，或者在国务院财政部门、物价主管部门规定外加收费用、重复收费的；

（四）其他未依照本法规定履行职责的行为。

第七十一条　动物疫病预防控制机构及其工作人员违反本法规定，有下列行为之一的，由本级人民政府或者兽医主管部门责令改正，通报批评；对直接负责的主管人员和其他直接责任人员依法给予处分：

（一）未履行动物疫病监测、检测职责或者伪造监测、检测结果的；

（二）发生动物疫情时未及时进行诊断、调查的；

（三）其他未依照本法规定履行职责的行为。

第七十二条　地方各级人民政府、有关部门及其工作人员瞒报、谎报、迟报、漏报或者授意他人瞒报、谎报、迟报动物疫情，或者阻碍他人报告动物疫情的，由上级人民政府或者有关部门责令改正，通报批评；对直接负责的主管人员和其他直接责任人员依法给予处分。

第七十三条　违反本法规定，有下列行为之一的，由动物卫生监督机构责令改正，给予警告；拒不改正的，由动物卫生监督机构代作处理，所需处理费用由违法行为人承担，可以处一千元以下罚款：

（一）对饲养的动物不按照动物疫病强制免疫计划进行免疫接种的；

（二）种用、乳用动物未经检测或者经检测不合格而不按照规定处理的；

（三）动物、动物产品的运载工具在装载前和卸载后没有及时清洗、消毒的。

第七十四条　违反本法规定，对经强制免疫的动物未按照国务院兽医主管部门规定建立免疫档案、加施畜禽标识的，依照《中华人民共和国畜牧法》的有关规定处罚。

第七十五条　违反本法规定，不按照国务院兽医主管部门规定处置染疫动物及其排泄物，染疫动物产品，病死或者死因不明的动物尸体，运载工具中的动物排泄物以及垫料、包装物、容器等污染物以及其他经检疫不合格的动物、动物产品的，由动物卫生监督机构责令无害化处理，所需处理费用由违法行为人承担，可以处三千元以下罚款。

第七十六条　违反本法第二十五条规定，屠宰、经营、运输动物或者生产、经营、加工、贮藏、运输动物产品的，由动物卫生监督机构责令改正、采取补救措施，没收违法所得和动物、动物产品，并处同类检疫合格动物、动物产品货值金额一倍以上五倍以下罚款；其中依法应当检疫而未检疫的，依照本法第七十八条的规定处罚。

第七十七条　违反本法规定，有下列行为之一的，由动物卫生监督机构责令改正，处一千元以上一万元以下罚款；情节严重的，处一万元以上十万元以下罚款：

（一）兴办动物饲养场（养殖小区）和隔离场所，动物屠宰加工场所，以及动物和动物产品无害化处理场所，未取得动物防疫条件合格证的；

（二）未办理审批手续，跨省、自治区、直辖市引进乳用动物、种用动物及其精液、胚胎、种蛋的；

（三）未经检疫，向无规定动物疫病区输入动物、动物产品的。

第七十八条　违反本法规定，屠宰、经营、运输的动物未附有检疫证明，经营和运输的动物产品未附有检疫证明、检疫标志的，由动物卫生监督机构责令改正，处同类检疫合格动物、动物产品货值金额百分之十以上百分之五十以下罚款；对货主以外的承运人处运输费用一倍以上三倍以下罚款。

违反本法规定，参加展览、演出和比赛的动物未附有检疫证明的，由动物卫生监督机构责令改正，处一千元以上三千元以下罚款。

第七十九条　违反本法规定，转让、伪造或者变造检疫证明、检疫标志或者畜禽标识的，由动物卫生监督机构没收违法所得，收缴检疫证明、检疫标志或者畜禽标识，并处三千元以上三万元以下罚款。

第八十条　违反本法规定，有下列行为之一的，由动物卫生监督机构责令改正，处一千元以上一万元以下罚款：

（一）不遵守县级以上人民政府及其兽医主管部门依法做出的有关控制、扑灭动物疫病规定的；

（二）藏匿、转移、盗掘已被依法隔离、封存、处理的动物和动物产品的；

（三）发布动物疫情的。

第八十一条　违反本法规定，未取得动物诊疗许可证从事动物诊疗活动的，由动物卫生监督机构责令停止诊疗活动，没收违法所得；违法所得在三万元以上的，并处违法所得一倍以上三倍以下罚款；没有违法所得或者违法所得不足三万元的，并处三千元以上三万元以下罚款。

动物诊疗机构违反本法规定，造成动物疫病扩散的，由动物卫生监督机构责令改正，处一万元以上五万元以下罚款；情节严重的，由发证机关吊销动物诊疗许可证。

第八十二条　违反本法规定，未经兽医执业注册从事动物诊疗活动的，由动物卫生监督机构责令停止动物诊疗活动，没收违法所得，并处一千元以上一万元以下罚款。

执业兽医有下列行为之一的，由动物卫生监督机构给予警告，责令暂停六个月以上一年以下动物诊疗活动；情节严重的，由发证机关吊销注册证书：

（一）违反有关动物诊疗的操作技术规范，造成或者可能造成动物疫病传播、流行的；

（二）使用不符合国家规定的兽药和兽医器械的；

（三）不按照当地人民政府或者兽医主管部门要求参加动物疫病预防、控制和扑灭活动的。

第八十三条　违反本法规定，从事动物疫病研究与诊疗和动物饲养、屠宰、经营、隔离、运输，以及动物产品生产、经营、加工、贮藏等活动的单位和个人，有下列行为之一的，由动物卫生监督机构责令改正；拒不改正的，对违法行为单位处一千元以上一万元以下罚款，对违法行为个人可以处五百元以下罚款：

（一）不履行动物疫情报告义务的；

（二）不如实提供与动物防疫活动有关资料的；

（三）拒绝动物卫生监督机构进行监督检查的；

（四）拒绝动物疫病预防控制机构进行动物疫病监测、检测的。

第八十四条　违反本法规定，构成犯罪的，依法追究刑事责任。

违反本法规定，导致动物疫病传播、流行等，给他人人身、财产造成损害的，依法承担民事责任。

第十章　附　则

第八十五条　本法自 2008 年 1 月 1 日起施行。

附录二　动物检疫管理办法

【颁布单位】:中华人民共和国农业部

【发布文号】:农业部令 2010 年第 6 号

【发布日期】:2010.01.21

【生效日期】:2010.03.01

动物检疫管理办法

第一章　总　则

第一条　为加强动物检疫活动管理,预防、控制和扑灭动物疫病,保障动物及动物产品安全,保护人体健康,维护公共卫生安全,根据《中华人民共和国动物防疫法》(以下简称《动物防疫法》),制定本办法。

第二条　本办法适用于中华人民共和国领域内的动物检疫活动。

第三条　农业部主管全国动物检疫工作。

县级以上地方人民政府兽医主管部门主管本行政区域内的动物检疫工作。

县级以上地方人民政府设立的动物卫生监督机构负责本行政区域内动物、动物产品的检疫及其监督管理工作。

第四条　动物检疫的范围、对象和规程由农业部制定、调整并公布。

第五条　动物卫生监督机构指派官方兽医按照《动物防疫法》和本办法的规定对动物、动物产品实施检疫,出具检疫证明,加施检疫标志。

动物卫生监督机构可以根据检疫工作需要,指定兽医专业人员协助官方兽医实施动物检疫。

第六条　动物检疫遵循过程监管、风险控制、区域化和可追溯管理相结合的原则。

第二章　检疫申报

第七条　国家实行动物检疫申报制度。

动物卫生监督机构应当根据检疫工作需要,合理设置动物检疫申报点,并向社会公布动物检疫申报点、检疫范围和检疫对象。

县级以上人民政府兽医主管部门应当加强动物检疫申报点的建设和管理。

第八条　下列动物、动物产品在离开产地前,货主应当按规定时限向所在地动物卫生监督机构申报检疫:

（一）出售、运输动物产品和供屠宰、继续饲养的动物，应当提前 3 天申报检疫。

（二）出售、运输乳用动物、种用动物及其精液、卵、胚胎、种蛋，以及参加展览、演出和比赛的动物，应当提前 15 天申报检疫。

（三）向无规定动物疫病区输入相关易感动物、易感动物产品的，货主除按规定向输出地动物卫生监督机构申报检疫外，还应当在起运 3 天前向输入地省级动物卫生监督机构申报检疫。

第九条　合法捕获野生动物的，应当在捕获后 3 天内向捕获地县级动物卫生监督机构申报检疫。

第十条　屠宰动物的，应当提前 6 小时向所在地动物卫生监督机构申报检疫；急宰动物的，可以随时申报。

第十一条　申报检疫的，应当提交检疫申报单；跨省、自治区、直辖市调运乳用动物、种用动物及其精液、胚胎、种蛋的，还应当同时提交输入地省、自治区、直辖市动物卫生监督机构批准的《跨省引进乳用种用动物检疫审批表》。

申报检疫采取申报点填报、传真、电话等方式申报。采用电话申报的，需在现场补填检疫申报单。

第十二条　动物卫生监督机构受理检疫申报后，应当派出官方兽医到现场或指定地点实施检疫；不予受理的，应当说明理由。

第三章　产地检疫

第十三条　出售或者运输的动物、动物产品经所在地县级动物卫生监督机构的官方兽医检疫合格，并取得《动物检疫合格证明》后，方可离开产地。

第十四条　出售或者运输的动物，经检疫符合下列条件，由官方兽医出具《动物检疫合格证明》：

（一）来自非封锁区或者未发生相关动物疫情的饲养场（户）；

（二）按照国家规定进行了强制免疫，并在有效保护期内；

（三）临床检查健康；

（四）农业部规定需要进行实验室疫病检测的，检测结果符合要求；

（五）养殖档案相关记录和畜禽标识符合农业部规定。

乳用、种用动物和宠物，还应当符合农业部规定的健康标准。

第十五条　合法捕获的野生动物，经检疫符合下列条件，由官方兽医出具《动物检疫合格证明》后，方可饲养、经营和运输：

（一）来自非封锁区；

（二）临床检查健康；

（三）农业部规定需要进行实验室疫病检测的，检测结果符合要求。

第十六条　出售、运输的种用动物精液、卵、胚胎、种蛋，经检疫符合下列条

件,由官方兽医出具《动物检疫合格证明》:

(一)来自非封锁区,或者未发生相关动物疫情的种用动物饲养场;

(二)供体动物按照国家规定进行了强制免疫,并在有效保护期内;

(三)供体动物符合动物健康标准;

(四)农业部规定需要进行实验室疫病检测的,检测结果符合要求;

(五)供体动物的养殖档案相关记录和畜禽标识符合农业部规定。

第十七条　出售、运输的骨、角、生皮、原毛、绒等产品,经检疫符合下列条件,由官方兽医出具《动物检疫合格证明》:

(一)来自非封锁区,或者未发生相关动物疫情的饲养场(户);

(二)按有关规定消毒合格;

(三)农业部规定需要进行实验室疫病检测的,检测结果符合要求。

第十八条　经检疫不合格的动物、动物产品,由官方兽医出具检疫处理通知单,并监督货主按照农业部规定的技术规范处理。

第十九条　跨省、自治区、直辖市引进用于饲养的非乳用、非种用动物到达目的地后,货主或者承运人应当在 24 小时内向所在地县级动物卫生监督机构报告,并接受监督检查。

第二十条　跨省、自治区、直辖市引进的乳用、种用动物到达输入地后,在所在地动物卫生监督机构的监督下,应当在隔离场或饲养场(养殖小区)内的隔离舍进行隔离观察,大中型动物隔离期为 45 天,小型动物隔离期为 30 天。经隔离观察合格的方可混群饲养;不合格的,按照有关规定进行处理。隔离观察合格后需继续在省内运输的,货主应当申请更换《动物检疫合格证明》。动物卫生监督机构更换《动物检疫合格证明》不得收费。

第四章　屠宰检疫

第二十一条　县级动物卫生监督机构依法向屠宰场(厂、点)派驻(出)官方兽医实施检疫。屠宰场(厂、点)应当提供与屠宰规模相适应的官方兽医驻场检疫室和检疫操作台等设施。出场(厂、点)的动物产品应当经官方兽医检疫合格,加施检疫标志,并附有《动物检疫合格证明》。

第二十二条　进入屠宰场(厂、点)的动物应当附有《动物检疫合格证明》,并佩戴有农业部规定的畜禽标识。

官方兽医应当查验进场动物附具的《动物检疫合格证明》和佩戴的畜禽标识,检查待宰动物健康状况,对疑似染疫的动物进行隔离观察。

官方兽医应当按照农业部规定,在动物屠宰过程中实施全流程同步检疫和必要的实验室疫病检测。

第二十三条 经检疫符合下列条件的，由官方兽医出具《动物检疫合格证明》，对胴体及分割、包装的动物产品加盖检疫验讫印章或者加施其他检疫标志：

（一）无规定的传染病和寄生虫病；

（二）符合农业部规定的相关屠宰检疫规程要求；

（三）需要进行实验室疫病检测的，检测结果符合要求。

骨、角、生皮、原毛、绒的检疫还应当符合本办法第十七条有关规定。

第二十四条 经检疫不合格的动物、动物产品，由官方兽医出具检疫处理通知单，并监督屠宰场（厂、点）或者货主按照农业部规定的技术规范处理。

第二十五条 官方兽医应当回收进入屠宰场（厂、点）动物附具的《动物检疫合格证明》，填写屠宰检疫记录。回收的《动物检疫合格证明》应当保存十二个月以上。

第二十六条 经检疫合格的动物产品到达目的地后，需要直接在当地分销的，货主可以向输入地动物卫生监督机构申请换证，换证不得收费。换证应当符合下列条件：

（一）提供原始有效《动物检疫合格证明》，检疫标志完整，且证物相符；

（二）在有关国家标准规定的保质期内，且无腐败变质。

第二十七条 经检疫合格的动物产品到达目的地，贮藏后需继续调运或者分销的，货主可以向输入地动物卫生监督机构重新申报检疫。输入地县级以上动物卫生监督机构对符合下列条件的动物产品，出具《动物检疫合格证明》。

（一）提供原始有效《动物检疫合格证明》，检疫标志完整，且证物相符；

（二）在有关国家标准规定的保质期内，无腐败变质；

（三）有健全的出入库登记记录；

（四）农业部规定进行必要的实验室疫病检测的，检测结果符合要求。

第五章 水产苗种产地检疫

第二十八条 出售或者运输水生动物的亲本、稚体、幼体、受精卵、发眼卵及其他遗传育种材料等水产苗种的，货主应当提前 20 天向所在地县级动物卫生监督机构申报检疫；经检疫合格，并取得《动物检疫合格证明》后，方可离开产地。

第二十九条 养殖、出售或者运输合法捕获的野生水产苗种的，货主应当在捕获野生水产苗种后 2 天内向所在地县级动物卫生监督机构申报检疫；经检疫合格，并取得《动物检疫合格证明》后，方可投放养殖场所、出售或者运输。

合法捕获的野生水产苗种实施检疫前，货主应当将其隔离在符合下列条件的临时检疫场地：

（一）与其他养殖场所有物理隔离设施；

（二）具有独立的进排水和废水无害化处理设施以及专用渔具；

（三）农业部规定的其他防疫条件。

第三十条　水产苗种经检疫符合下列条件的，由官方兽医出具《动物检疫合格证明》：

（一）该苗种生产场近期未发生相关水生动物疫情；

（二）临床健康检查合格；

（三）农业部规定需要经水生动物疫病诊断实验室检验的，检验结果符合要求。

检疫不合格的，动物卫生监督机构应当监督货主按照农业部规定的技术规范处理。

第三十一条　跨省、自治区、直辖市引进水产苗种到达目的地后，货主或承运人应当在24小时内按照有关规定报告，并接受当地动物卫生监督机构的监督检查。

第六章　无规定动物疫病区动物检疫

第三十二条　向无规定动物疫病区运输相关易感动物、动物产品的，除附有输出地动物卫生监督机构出具的《动物检疫合格证明》外，还应当向输入地省、自治区、直辖市动物卫生监督机构申报检疫，并按照本办法第三十三条、第三十四条规定取得输入地《动物检疫合格证明》。

第三十三条　输入到无规定动物疫病区的相关易感动物，应当在输入地省、自治区、直辖市动物卫生监督机构指定的隔离场所，按照农业部规定的无规定动物疫病区有关检疫要求隔离检疫。大中型动物隔离检疫期为45天，小型动物隔离检疫期为30天。隔离检疫合格的，由输入地省、自治区、直辖市动物卫生监督机构的官方兽医出具《动物检疫合格证明》；不合格的，不准进入，并依法处理。

第三十四条　输入到无规定动物疫病区的相关易感动物产品，应当在输入地省、自治区、直辖市动物卫生监督机构指定的地点，按照农业部规定的无规定动物疫病区有关检疫要求进行检疫。检疫合格的，由输入地省、自治区、直辖市动物卫生监督机构的官方兽医出具《动物检疫合格证明》；不合格的，不准进入，并依法处理。

第七章 乳用种用动物检疫审批

第三十五条 跨省、自治区、直辖市引进乳用动物、种用动物及其精液、胚胎、种蛋的，货主应当填写《跨省引进乳用种用动物检疫审批表》，向输入地省、自治区、直辖市动物卫生监督机构申请办理审批手续。

第三十六条 输入地省、自治区、直辖市动物卫生监督机构应当自受理申请之日起10个工作日内，做出是否同意引进的决定。符合下列条件的，签发《跨省引进乳用种用动物检疫审批表》；不符合下列条件的，书面告知申请人，并说明理由。

（一）输出和输入饲养场、养殖小区取得《动物防疫条件合格证》；

（二）输入饲养场、养殖小区存栏的动物符合动物健康标准；

（三）输出的乳用、种用动物养殖档案相关记录符合农业部规定；

（四）输出的精液、胚胎、种蛋的供体符合动物健康标准。

第三十七条 货主凭输入地省、自治区、直辖市动物卫生监督机构签发的《跨省引进乳用种用动物检疫审批表》，按照本办法规定向输出地县级动物卫生监督机构申报检疫。输出地县级动物卫生监督机构应当按照本办法的规定实施检疫。

第三十八条 跨省引进乳用种用动物应当在《跨省引进乳用种用动物检疫审批表》有效期内运输。逾期引进的，货主应当重新办理审批手续。

第八章 检疫监督

第三十九条 屠宰、经营、运输以及参加展览、演出和比赛的动物，应当附有《动物检疫合格证明》；经营、运输的动物产品应当附有《动物检疫合格证明》和检疫标志。

对符合前款规定的动物、动物产品，动物卫生监督机构可以查验检疫证明、检疫标志，对动物、动物产品进行采样、留验、抽检，但不得重复检疫收费。

第四十条 依法应当检疫而未经检疫的动物，由动物卫生监督机构依照本条第二款规定补检，并依照《动物防疫法》处理处罚。

符合下列条件的，由动物卫生监督机构出具《动物检疫合格证明》；不符合的，按照农业部有关规定进行处理。

（一）畜禽标识符合农业部规定；

（二）临床检查健康；

（三）农业部规定需要进行实验室疫病检测的，检测结果符合要求。

第四十一条　依法应当检疫而未经检疫的骨、角、生皮、原毛、绒等产品，符合下列条件的，由动物卫生监督机构出具《动物检疫合格证明》；不符合的，予以没收销毁。同时，依照《动物防疫法》处理处罚。

（一）货主在5天内提供输出地动物卫生监督机构出具的来自非封锁区的证明；

（二）经外观检查无腐烂变质；

（三）按有关规定重新消毒；

（四）农业部规定需要进行实验室疫病检测的，检测结果符合要求。

第四十二条　依法应当检疫而未经检疫的精液、胚胎、种蛋等，符合下列条件的，由动物卫生监督机构出具《动物检疫合格证明》；不符合的，予以没收销毁。同时，依照《动物防疫法》处理处罚。

（一）货主在5天内提供输出地动物卫生监督机构出具的来自非封锁区的证明和供体动物符合健康标准的证明；

（二）在规定的保质期内，并经外观检查无腐败变质；

（三）农业部规定需要进行实验室疫病检测的，检测结果符合要求。

第四十三条　依法应当检疫而未经检疫的肉、脏器、脂、头、蹄、血液、筋等，符合下列条件的，由动物卫生监督机构出具《动物检疫合格证明》，并依照《动物防疫法》第七十八条的规定进行处罚；不符合下列条件的，予以没收销毁，并依照《动物防疫法》第七十六条的规定进行处罚：

（一）货主在5天内提供输出地动物卫生监督机构出具的来自非封锁区的证明；

（二）经外观检查无病变、无腐败变质；

（三）农业部规定需要进行实验室疫病检测的，检测结果符合要求。

第四十四条　经铁路、公路、水路、航空运输依法应当检疫的动物、动物产品的，托运人托运时应当提供《动物检疫合格证明》。没有《动物检疫合格证明》的，承运人不得承运。

第四十五条　货主或者承运人应当在装载前和卸载后，对动物、动物产品的运载工具以及饲养用具、装载用具等，按照农业部规定的技术规范进行消毒，并对清除的垫料、粪便、污物等进行无害化处理。

第四十六条　封锁区内的商品蛋、生鲜奶的运输监管按照《重大动物疫情应急条例》实施。

第四十七条　经检疫合格的动物、动物产品应当在规定时间内到达目的地。经检疫合格的动物在运输途中发生疫情，应按有关规定报告并处置。

第九章 罚 则

第四十八条 违反本办法第十九条、第三十一条规定，跨省、自治区、直辖市引进用于饲养的非乳用、非种用动物和水产苗种到达目的地后，未向所在地动物卫生监督机构报告的，由动物卫生监督机构处五百元以上二千元以下罚款。

第四十九条 违反本办法第二十条规定，跨省、自治区、直辖市引进的乳用、种用动物到达输入地后，未按规定进行隔离观察的，由动物卫生监督机构责令改正，处二千元以上一万元以下罚款。

第五十条 其他违反本办法规定的行为，依照《动物防疫法》有关规定予以处罚。

第十章 附 则

第五十一条 动物卫生监督证章标志格式或样式由农业部统一制定。

第五十二条 水产苗种产地检疫，由地方动物卫生监督机构委托同级渔业主管部门实施。水产苗种以外的其他水生动物及其产品不实施检疫。

第五十三条 本办法自 2010 年 3 月 1 日起施行。农业部 2002 年 5 月 24 日发布的《动物检疫管理办法》(农业部令第 14 号)自本办法施行之日起废止。

附录三　病害动物和病害动物产品生物安全处理规程

【发布单位】:中华人民共和国质量监督检验检疫总局、中国国家标准化管理委员会

【发布文号】:GB16548－2006

【发布日期】:2006.09.04

【生效日期】:2006.12.01

1. 范围

本标准规定了病害动物和病害动物产品的销毁、无害化处理的技术要求。

本标准适用于国家规定的染疫动物及其产品,病死、毒死或者死因不明的动物尸体,经检验对人畜健康有危害的动物和病害动物产品、国家规定应该进行生物安全处理的动物和动物产品。

2. 术语和定义

下列术语和定义适用于本标准

2.1　生物安全处理

通过用焚烧、化制、掩埋或其他物理、化学、生物学等方法将病害动物尸体和病害动物产品或附属物进行处理,以彻底消灭其所携带的病原体,达到消除病害因素,保障人畜健康安全的目的。

3. 病害动物和病害动物产品的处理

3.1　运送

运送动物尸体和病害动物产品应采用密闭的、不渗水的容器,装前卸后必须要消毒。

3.2　销毁

3.2.1.1　适用对象

确认为口蹄疫、猪水泡病、猪瘟、非洲猪瘟、非洲马瘟、牛瘟、牛传染性胸膜肺炎、牛海绵状脑病、痒病、绵羊梅迪/维斯那病、蓝舌病、小反刍兽疫、绵羊痘和山羊痘、高致病性禽流感、鸡新城疫、炭疽、鼻疽、狂犬病、羊快疫、羊肠毒血症、肉毒梭菌中毒症、羊猝狙、马传染性贫血病、猪密螺旋体痢疾、猪囊尾蚴、急性猪丹毒、钩端螺旋体病(已黄染肉尸)、布鲁氏菌病、结核病、鸭瘟、兔病毒性出血症、野兔热的染疫动物以及其他严重危害人畜健康的病害动物及其产品。

3.2.1.2　病死、毒死或不明死因动物的尸体

3.2.1.3　经检验对人畜有毒有害的、需销毁的病害动物和病害动物产品。

3.2.1.4　从动物体割除下来的病变部分。

3.2.1.5　人工接种病原生物系或进行药物试验的病害动物和病害动物产品。

3.2.1.6　国家规定的应该销毁的动物和动物产品。

3.2.2　操作方法

3.2.2.1　焚毁

将病害动物尸体或病害动物产品投入焚化炉或用其他方式烧毁炭化。

3.2.2.2　掩埋

本法不适用于患有炭疽等芽孢杆菌类疫病，以及牛海绵状脑病、痒病的染疫动物及产品、组织的处理。具体掩埋要求如下：

a)掩埋地应远离学校、公共场所、居民住宅区、村庄、动物饲养和屠宰场所、饮用水源地、河流等地区；

b)掩埋前应对需掩埋的病害动物尸体和病害动物产品实施焚烧处理；

c)掩埋坑底铺 2cm 厚生石灰；

d)掩埋后需将掩埋土夯实，病害动物尸体和病害动物产品上层应距地表 1.5m 以上；

e)焚烧后的病害动物尸体和病害动物产品表面，以及掩埋后的地表环境应使用有效消毒药喷、洒消毒。

3.3　无害化处理

3.3.1　化制

3.3.1.1　适用对象

除了 3.2.1 规定的动物疫病以外的其他疫病的染疫动物，以及病变严重、肌肉发生退行性变化的动物的整个尸体或胴体、内脏。

3.3.1.2　操作方法

利用干化、湿化机，将原料分类，分别投入化制。

3.3.2　消毒

3.3.2.1　适用对象

除 3.2.1 规定的动物疫病以外的其他疫病的染疫动物的生皮、原毛以及未经加工的蹄、骨、角、绒。

3.3.2.2　操作方法

3.3.2.2.1　高温处理法

适用于染疫动物蹄、骨和角的处理.

将肉尸作高温处理时剔出的蹄、骨和角放入高压锅内蒸煮至脱胶或脱脂时止。

3.3.2.2.2　盐酸食盐溶液消毒法

适用于被病原微生物或可疑被污染和一般染疫动物的皮毛消毒。

用 2.5%盐酸溶液和 15%食盐水溶液等量混合，将皮张浸泡在此溶液中，并使溶液温度保持在 30℃左右，浸泡 40h，1m² 皮张用 10L 消毒液，浸泡后捞出沥干，放入 2%氢氧化钠溶液中，以中和皮张上酸，再用水冲洗后晾干。也可按 100mL25%食盐水溶液中加入盐酸 1mL 配制消毒液，在室温 15℃条件下浸泡 48h，皮张与消毒液之比为 1:4。浸泡后捞出沥干，再放入 1%氢氧化钠溶液中浸泡，以中和皮张上的酸，再用水冲洗后晾干。

3.3.2.2.3　过氧乙酸消毒法

适用于任何染疫动物的皮毛消毒

将皮毛放入新鲜配制的 2%过氧乙酸溶液中浸泡 30min，捞出，用水冲洗后晾干。

3.3.2.2.4　碱盐液浸泡消毒

适用于被病原微生物污染的皮毛消毒。

将病皮浸入 5%碱盐液（饱和盐水内加 5%氢氧化钠）中，室温（18～25℃）浸泡 24h，并随时加以搅拌，然后取出挂起，待碱盐液流净，放入 5%盐酸液内浸泡，使皮上的酸碱中和，捞出，用水冲洗后晾干。

3.3.2.2.5　煮沸消毒法

适用于染疫动物鬃毛的处理。

将鬃毛于沸水中煮沸 2～2.5h。

附录四 生猪产地检疫规程

【颁布单位】:中华人民共和国农业部

【发布文号】:农医发[2010]27号

【发布日期】:2010.06.03

【生效日期】:2010.06.03

1. 适用范围

本规程规定了生猪(含人工饲养的野猪)产地检疫的检疫对象、检疫合格标准、检疫程序、检疫结果处理和检疫记录。

本规程适用于中华人民共和国境内生猪的产地检疫及省内调运种猪的产地检疫。

合法捕获的野猪的产地检疫参照本规程执行。

2. 检疫对象

口蹄疫、猪瘟、高致病性猪蓝耳病、炭疽、猪丹毒、猪肺疫。

3. 检疫合格标准

3.1 来自非封锁区或未发生相关动物疫情的饲养场(养殖小区)、养殖户。

3.2 按照国家规定进行了强制免疫,并在有效保护期内。

3.3 养殖档案相关记录和畜禽标识符合规定。

3.4 临床检查健康。

3.5 本规程规定需进行实验室疫病检测的,检测结果合格。

3.6 省内调运的种猪须符合种用动物健康标准;省内调运精液、胚胎的,其供体动物须符合种用动物健康标准。

4. 检疫程序

4.1 申报受理。动物卫生监督机构在接到检疫申报后,根据当地相关动物疫情情况,决定是否予以受理。受理的,应当及时派出官方兽医到现场或到指定地点实施检疫;不予受理的,应说明理由。

4.2 查验资料及畜禽标识

4.2.1 官方兽医应查验饲养场(养殖小区)《动物防疫条件合格证》和养殖档案,了解生产、免疫、监测、诊疗、消毒、无害化处理等情况,确认饲养场(养殖小区)6个月内未发生相关动物疫病,确认生猪已按国家规定进行强制免疫,并在有效保护期内。省内调运种猪的,还应查验《种畜禽生产经营许可证》。

4.2.2 官方兽医应查验散养户防疫档案,确认生猪已按国家规定进行强制免疫,并在有效保护期内。

4.2.3 官方兽医应查验生猪畜禽标识加施情况，确认其佩戴的畜禽标识与相关档案记录相符。

4.3 临床检查

4.3.1 检查方法

4.3.1.1 群体检查。从静态、动态和食态等方面进行检查。主要检查生猪群体精神状况、外貌、呼吸状态、运动状态、饮水饮食情况及排泄物状态等。

4.3.1.2 个体检查。通过视诊、触诊和听诊等方法进行检查。主要检查生猪个体精神状况、体温、呼吸、皮肤、被毛、可视黏膜、胸廓、腹部及体表淋巴结，排泄动作及排泄物性状等。

4.3.2 检查内容

4.3.2.1 出现发热、精神不振、食欲减退、流涎；蹄冠、蹄叉、蹄踵部出现水疱，水疱破裂后表面出血，形成暗红色烂斑，感染造成化脓、坏死、蹄壳脱落，卧地不起；鼻盘、口腔黏膜、舌、乳房出现水疱和糜烂等症状的，怀疑感染口蹄疫。

4.3.2.2 出现高热、倦怠、食欲不振、精神萎顿、弓腰、腿软、行动缓慢；间有呕吐，便秘腹泻交替；可视黏膜充血、出血或有不正常分泌物、发绀；鼻、唇、耳、下颌、四肢、腹下、外阴等多处皮肤点状出血，指压不褪色等症状的，怀疑感染猪瘟。

4.3.2.3 出现高热；眼结膜炎、眼睑水肿；咳嗽、气喘、呼吸困难；耳朵、四肢末梢和腹部皮肤发绀；偶见后躯无力、不能站立或共济失调等症状的，怀疑感染高致病性猪蓝耳病。

4.3.2.4 出现高热稽留；呕吐；结膜充血；粪便干硬呈粟状，附有黏液，下痢；皮肤有红斑、疹块，指压褪色等症状的，怀疑感染猪丹毒。

4.3.2.5 出现高热；呼吸困难，继而哮喘，口鼻流出泡沫或清液；颈下咽喉部急性肿大、变红、高热、坚硬；腹侧、耳根、四肢内侧皮肤出现红斑，指压褪色等症状的，怀疑感染猪肺疫。

4.3.2.6 咽喉、颈、肩胛、胸、腹、乳房及阴囊等局部皮肤出现红肿热痛，坚硬肿块，继而肿块变冷，无痛感，最后中央坏死形成溃疡；颈部、前胸出现急性红肿，呼吸困难、咽喉变窄，窒息死亡等症状的，怀疑感染炭疽。

4.4 实验室检测

4.4.1 对怀疑患有本规程规定疫病及临床检查发现其他异常情况的，应按相应疫病防治技术规范进行实验室检测。

4.4.2 实验室检测须由省级动物卫生监督机构指定的具有资质的实验室承担，并出具检测报告。

4.4.3 省内调运的种猪可参照《跨省调运种用、乳用动物产地检疫规程》进行实验室检测，并提供相应检测报告。

5. 检疫结果处理

5.1　经检疫合格的，出具《动物检疫合格证明》。

5.2　经检疫不合格的，出具《检疫处理通知单》，并按照有关规定处理。

5.2.1　临床检查发现患有本规程规定动物疫病的，扩大抽检数量并进行实验室检测。

5.2.2　发现患有本规程规定检疫对象以外动物疫病，影响动物健康的，应按规定采取相应防疫措施。

5.2.3　发现不明原因死亡或怀疑为重大动物疫情的，应按照《动物防疫法》、《重大动物疫情应急条例》和《动物疫情报告管理办法》的有关规定处理。

5.2.4　病死动物应在动物卫生监督机构监督下，由畜主按照《病害动物和病害动物产品生物安全处理规程》(GB16548－2006)规定处理。

5.3　生猪启运前，动物卫生监督机构须监督畜主或承运人对运载工具进行有效消毒。

6. 检疫记录

6.1　检疫申报单。动物卫生监督机构须指导畜主填写检疫申报单。

6.2　检疫工作记录。官方兽医须填写检疫工作记录，详细登记畜主姓名、地址、检疫申报时间、检疫时间、检疫地点、检疫动物种类、数量及用途、检疫处理、检疫证明编号等，并由畜主签名。

6.3　检疫申报单和检疫工作记录应保存12个月以上。

附录五　生猪屠宰检疫规程

【颁布单位】:中华人民共和国农业部

【发布文号】:农医发[2010]27号

【发布日期】:2010.08.02

【生效日期】:2010.08.02

1. 适用范围

本规程规定了生猪进入屠宰场(厂、点)监督查验、检疫申报、宰前检查、同步检疫、检疫结果处理以及检疫记录等操作程序。

本规程适用于中华人民共和国境内生猪的屠宰检疫。

2. 检疫对象

口蹄疫、猪瘟、高致病性猪蓝耳病、炭疽、猪丹毒、猪肺疫、猪副伤寒、猪Ⅱ型链球菌病、猪支原体肺炎、副猪嗜血杆菌病、丝虫病、猪囊尾蚴病、旋毛虫病。

3. 检疫合格标准

3.1　入场(厂、点)时,具备有效的《动物检疫合格证明》,畜禽标识符合国家规定。

3.2　无规定的传染病和寄生虫病。

3.3　需要进行实验室疫病检测的,检测结果合格。

3.4　履行本规程规定的检疫程序,检疫结果符合规定。

4. 入场(厂、点)监督查验

4.1　查证验物　查验入场(厂、点)生猪的《动物检疫合格证明》和佩戴的畜禽标识。

4.2　询问　了解生猪运输途中有关情况。

4.3　临床检查　检查生猪群体的精神状况、外貌、呼吸状态及排泄物状态等情况。

4.4　结果处理

4.4.1　合格　《动物检疫合格证明》有效、证物相符、畜禽标识符合要求、临床检查健康,方可入场,并回收《动物检疫合格证明》。场(厂、点)方须按产地分类将生猪送入待宰圈,不同货主、不同批次的生猪不得混群。

4.4.2　不合格　不符合条件的,按国家有关规定处理。

4.5　消毒　监督货主在卸载后对运输工具及相关物品等进行消毒。

5. 检疫申报

5.1　申报受理　场(厂、点)方应在屠宰前6小时申报检疫,填写检疫申报单。官方兽医接到检疫申报后,根据相关情况决定是否予以受理。受理的,应当及时实施宰前检查;不予受理的,应说明理由。

5.2 受理方式 现场申报。

6. 宰前检查

6.1 屠宰前2小时内,官方兽医应按照《生猪产地检疫规程》中“临床检查”部分实施检查。

6.2 结果处理

6.2.1 合格的,准予屠宰。

6.2.2 不合格的,按以下规定处理。

6.2.2.1 发现有口蹄疫、猪瘟、高致病性猪蓝耳病、炭疽等疫病症状的,限制移动,并按照《中华人民共和国动物防疫法》、《重大动物疫情应急条例》、《动物疫情报告管理办法》和《病害动物和病害动物产品生物安全处理规程》(GB16548)等有关规定处理。

6.2.2.2 发现有猪丹毒、猪肺疫、猪Ⅱ型链球菌病、猪支原体肺炎、副猪嗜血杆菌病、猪副伤寒等疫病症状的,患病猪按国家有关规定处理,同群猪隔离观察,确认无异常的,准予屠宰;隔离期间出现异常的,按《病害动物和病害动物产品生物安全处理规程》(GB16548)等有关规定处理。

6.2.2.3 怀疑患有本规程规定疫病及临床检查发现其他异常情况的,按相应疫病防治技术规范进行实验室检测,并出具检测报告。实验室检测须由省级动物卫生监督机构指定的具有资质的实验室承担。

6.2.2.4 发现患有本规程规定以外疫病的,隔离观察,确认无异常的,准予屠宰;隔离期间出现异常的,按《病害动物和病害动物产品生物安全处理规程》(GB16548)等有关规定处理。

6.2.2.5 确认为无碍于肉食安全且濒临死亡的生猪,视情况进行急宰。

6.3 监督场(厂、点)方对处理患病生猪的待宰圈、急宰间以及隔离圈等进行消毒。

7. 同步检疫

与屠宰操作相对应,对同一头猪的头、蹄、内脏、胴体等统一编号进行检疫。

7.1 头蹄及体表检查

7.1.1 视检体表的完整性、颜色,检查有无本规程规定疫病引起的皮肤病变、关节肿大等。

7.1.2 观察吻突、齿龈和蹄部有无水疱、溃疡、烂斑等。

7.1.3 放血后退毛前,沿放血孔纵向切开下颌区,直到颌骨高峰区,剖开两侧下颌淋巴结,视检有无肿大、坏死灶(紫、黑、灰、黄),切面是否呈砖红色,周围有无水肿、胶样浸润等。

7.1.4　剖检两侧咬肌，充分暴露剖面，检查有无猪囊尾蚴。

7.2　内脏检查　取出内脏前，观察胸腔、腹腔有无积液、粘连、纤维素性渗出物。检查脾脏、肠系膜淋巴结有无肠炭疽。取出内脏后，检查心脏、肺脏、肝脏、脾脏、胃肠、支气管淋巴结、肝门淋巴结等。

7.2.1　心脏　视检心包，切开心包膜，检查有无变性、心包积液、渗出、淤血、出血、坏死等症状。在与左纵沟平行的心脏后缘房室分界处纵剖心脏，检查心内膜、心肌、血液凝固状态、二尖瓣及有无虎斑心、菜花样赘生物、寄生虫等。

7.2.2　肺脏　视检肺脏形状、大小、色泽，触检弹性，检查肺实质有无坏死、萎陷、气肿、水肿、淤血、脓肿、实变、结节、纤维素性渗出物等。剖开一侧支气管淋巴结，检查有无出血、淤血、肿胀、坏死等。必要时剖检气管、支气管。

7.2.3　肝脏　视检肝脏形状、大小、色泽，触检弹性，观察有无淤血、肿胀、变性、黄染、坏死、硬化、肿物、结节、纤维素性渗出物、寄生虫等病变。剖开肝门淋巴结，检查有无出血、淤血、肿胀、坏死等。必要时剖检胆管。

7.2.4　脾脏　视检形状、大小、色泽，触检弹性，检查有无肿胀、淤血、坏死灶、边缘出血性梗死、被膜隆起及粘连等。必要时剖检脾实质。

7.2.5　胃和肠　视检胃肠浆膜，观察大小、色泽、质地，检查有无淤血、出血、坏死、胶冻样渗出物和粘连。对肠系膜淋巴结做长度不少于20厘米的弧形切口，检查有无淤血、出血、坏死、溃疡等病变。必要时剖检胃肠，检查黏膜有无淤血、出血、水肿、坏死、溃疡。

7.3　胴体检查

7.3.1　整体检查　检查皮肤、皮下组织、脂肪、肌肉、淋巴结、骨骼以及胸腔、腹腔浆膜有无淤血、出血、疹块、黄染、脓肿和其他异常等。

7.3.2　淋巴结检查　剖开腹部底壁皮下、后肢内侧、腹股沟皮下环附近的两侧腹股沟浅淋巴结，检查有无淤血、水肿、出血、坏死、增生等病变。必要时剖检腹股沟深淋巴结、髂下淋巴结及髂内淋巴结。

7.3.3　腰肌　沿荐椎与腰椎结合部两侧肌纤维方向切开10厘米左右切口，检查有无猪囊尾蚴。

7.3.4　肾脏　剥离两侧肾被膜，视检肾脏形状、大小、色泽，触检质地，观察有无贫血、出血、淤血、肿胀等病变。必要时纵向剖检肾脏，检查切面皮质部有无颜色变化、出血及隆起等。

7.4　旋毛虫检查　取左右膈脚各30克左右，与胴体编号一致，撕去肌膜，感官检查后镜检。

7.5　复检　官方兽医对上述检疫情况进行复查，综合判定检疫结果。

7.6　结果处理

7.6.1　合格的，由官方兽医出具《动物检疫合格证明》，加盖检疫验讫印章,对分割包装的肉品加施检疫标志。

7.6.2 不合格的,由官方兽医出具《动物检疫处理通知单》,并按以下规定处理。

7.6.2.1 发现患有本规程规定疫病的,按 6.2.2.1、6.2.2.2 和有关规定处理。

7.6.2.2 发现患有本规程规定以外疫病的,监督场(厂、点)方对病猪胴体及副产品按《病害动物和病害动物产品生物安全处理规程》(GB16548)处理,对污染的场所、器具等按规定实施消毒,并做好《生物安全处理记录》。

7.6.3 监督场(厂、点)方做好检疫病害动物及废弃物无害化处理。

7.7 官方兽医在同步检疫过程中应做好卫生安全防护。

8. 检疫记录

8.1 官方兽医应监督指导屠宰场(厂、点)方做好待宰、急宰、生物安全处理等环节各项记录。

8.2 官方兽医应做好入场监督查验、检疫申报、宰前检查、同步检疫等环节记录。

8.3 检疫记录应保存 12 个月以上。

附录六　跨省调运种禽产地检疫规程

【颁布单位】:中华人民共和国农业部

【发布文号】:农医发[2010]33号

【发布日期】:2010.07.27

【生效日期】:2010.07.27

1. 适用范围

本规程适用于中华人民共和国境内跨省(区、市)调运种鸡、种鸭、种鹅及种蛋的产地检疫。

2. 检疫合格标准

2.1　符合农业部《家禽产地检疫规程》要求。

2.2　符合农业部规定的种用动物健康标准。

2.3　提供本规程规定动物疫病的实验室检测报告,检测结果合格。

2.4　种蛋的收集、消毒记录完整,其供体动物符合本规程规定的标准。

2.5　种用雏禽临床检查健康,孵化记录完整。

3. 检疫程序

3.1　申报受理

动物卫生监督机构接到检疫申报后,确认《跨省引进乳用种用动物检疫审批表》有效,并根据当地相关动物疫情情况,决定是否予以受理。受理的,应当及时派官方兽医到场实施检疫;不予受理的,应说明理由。

3.2　查验资料

3.2.1　查验饲养场《种畜禽生产经营许可证》和《动物防疫条件合格证》。

3.2.2　按《家禽产地检疫规程》要求查验养殖档案。

3.2.3　调运种蛋的,还应查验其采集、消毒等记录,确认对应供体及8其健康状况。

3.3　临床检查

按照《家禽产地检疫规程》要求开展临床检查外,还需做下列疫病检查。

3.3.1　发现跛行、站立姿势改变、跗关节上方腱囊双侧肿大、难以屈曲等症状的,怀疑感染鸡病毒性关节炎。

3.3.2　发现消瘦、头部苍白、腹部增大、产蛋下降等症状的,怀疑感染禽白血病。

3.3.3　发现精神沉郁、反应迟钝、站立不稳、双腿缩于腹下或向外叉开、头颈震颤、共济失调或完全瘫痪等症状,怀疑感染禽脑脊髓炎。

3.3.4 发现生长受阻、瘦弱、羽毛发育不良等症状的，怀疑感染禽网状内皮组织增殖症。

3.4 实验室检测

3.4.1 实验室检测须由省级动物卫生监督机构指定的具有资质的实验室承担，并出具检测报告(实验室检测具体要求见附表)。

3.4.2 实验室检测疫病种类

3.4.2.1 种鸡 高致病性禽流感、新城疫、禽白血病、禽网状内皮组织增殖症。

3.4.2.2 种鸭 高致病性禽流感、鸭瘟。

3.4.2.3 种鹅 高致病性禽流感、小鹅瘟。

4. 检疫后处理

4.1 参照《家禽产地检疫规程》做好检疫结果处理。

4.2 无有效的《种畜禽生产经营许可证》和《动物防疫条件合格证》的，检疫程序终止。

4.3 无有效的实验室检测报告的，检疫程序终止

5. 检疫记录

参照《家禽产地检疫规程》做好检疫记录。

参考文献

[1] 蔡泽川．动物检疫技术[M]．北京：中央广播电视大学出版社，2015.

[2] 刘跃生．动物检疫[M]．杭州：浙江大学出版社，2011.

[3] 杨廷桂，陈桂先．动物防疫与检疫技术[M]．北京：中国农业出版社，2011.

[4] 毕玉霞．动物防疫与检疫技术[M]．北京：化学工业出版社，2009.

[5] 朱俊平．畜禽疫病防治[M]．北京：高等教育出版社，2009.

[6] 王子轼．动物防疫与检疫技术[M]．北京：中国农业出版社，2006.

[7] 蒋云．动物卫生监督执法案卷汇编．北京：中国农业科学技术出版社，2009.

[8] 童光志．动物传染病[M]．北京：中国农业出版社，2008.

[9] 李国清．兽医寄生虫学[M]．北京：中国农业大学出版社，2006.

[10] 陆承平．兽医微生物学[M]．北京：中国农业出版社，2001.

[11] 林柏全．动物防疫与检疫技术[M]．北京：中国农业出版社，2008.

[12] 东北农业大学．兽医临床诊断学[M]．北京：中国农业出版社，2004.